煤矿区"一张图"建设的若干关键技术研究

陈国良　李　钢　编著
汪云甲　顾和和

国土资源公益性行业科研专项"煤矿区国土资源管理一张图关键技术开发与集成示范"（201211011）资助

U0200485

科学出版社

北　京

内 容 简 介

本书以煤矿区土地利用和煤炭资源开发相协调为目标,以矿区国土资源管理"一张图"核心数据库建设和管理信息系统开发和应用为导向,在统一的数据组织和数据模型下,研究煤矿区矿产资源开发与土地保护利用的信息关联和耦合计算。通过整合地下、地表、地上等各类国土资源信息,实现"一张图管地、管矿、管权",建立煤矿区国土资源综合监管预警机制与方法体系,开发煤矿区国土资源管理"一张图"综合监管信息平台,为煤矿区国土资源管理各项审批业务、资源监管和宏观决策提供统一的数据和技术保障。

本书可供测绘工程、土地资源管理、地理信息系统和采矿工程等学科研究人员参考。

图书在版编目(CIP)数据

煤矿区"一张图"建设的若干关键技术研究/陈国良等编著. —北京:科学出版社,2014.11

ISBN 978-7-03-042428-0

Ⅰ.①煤… Ⅱ.①陈… Ⅲ.①煤矿–矿区–遥感图像–地图编绘 Ⅳ.①P283.8 ②P285.2

中国版本图书馆 CIP 数据核字(2014)第 260461 号

责任编辑:李涪汁 周 丹/责任校对:刘亚琦
责任印制:肖 兴/封面设计:许 瑞

科学出版社 出版
北京东黄城根北街 16 号
邮政编码:100717
http://www.sciencep.com

中国科学院印刷厂 印刷
科学出版社发行 各地新华书店经销
*
2014 年 11 月第 一 版 开本:880×1230 1/32
2014 年 11 月第一次印刷 印张:4 5/8
字数:145 000

定价:69.00 元
(如有印装质量问题,我社负责调换)

前　　言

　　近年来，国土资源部一直积极推进全国"一张图"工程，以实现土地资源与矿产资源等全覆盖、全流程的动态监测与监管，达到"一张图管地、管矿、管权"。实践表明，这对保证煤矿区土地利用与煤炭资源开发相协调、资源开发与环境保护相协调尤为重要，但同时又存在诸多问题。

　　本书围绕煤矿区"一张图"建设中的数据获取、核心数据库和综合监管决策平台开发及应用，以皖北煤电集团钱营孜矿（皖北钱营孜矿）、神府东胜矿区（神东矿区）和徐州矿务集团有限公司夹河煤矿（徐州夹河矿）为例，综合运用多学科理论与方法，探讨若干关键技术问题。首先总结煤矿区土地资源和矿产资源管理综合监管存在的问题，剖析煤矿区"一张图"综合监管的内涵和框架；借助多源、多时相、多尺度遥感数据研究煤矿区土地利用"一张图"数据融合处理与评价技术，分析利用多源遥感影像融合后数据更新矿区 1∶2000 大比例尺地形图的可行性，探讨基于遥感的煤炭开发扰动下的土地利用/覆盖的空间格局分类与动态变化信息获取技术；通过对不同传感器的 SAR 数据（ALOS、ENVISAT 合成孔径雷达数据）进行干涉处理，探讨 D-InSAR 二轨法获取地表沉降信息的技术流程，利用时序 SAR 建立矿区沉降的非线性模型，揭示地表沉降变形的时空演变规律。利用 GIS 和物联网等信息手段，研究煤矿区物联网井下信息感知关键技术，探讨无线实时定位技术（WiFi RTLS）、自定义 UDP 通信协议数据包传输和处理方式，分析感知矿山 GIS 监控系统（MIOTGIS）工作原理，构建基于感知层、网络层、数据层和应用层的 MIOTGIS 四层结构模式，设计感知矿山网络部署和数据库 E-R 模型，基于.NET 平台开发井下人员和设施的实时定位功能和历史轨迹再现功能，实现矿产资源采掘跟踪、越层越界非法开采监控等矿山地下资源全过程、全方位远程精细化管理。

　　通过融合煤矿区地上、地表和地下多源信息，整合集成矿区土地权属、土地规划、土地利用状况、土地复垦等"地籍"信息与矿产资源的矿业权、矿产资源规划、矿产储量、矿产开发状况等"矿籍"信息，分析实体要素分类编码和市、县两级数据中心建设方式，实现煤矿区土地和矿产资源"一张图"的统一数据组织，建立矿地"一张图"核心数据库，实现数据整合、分层存储、集中管理和分布式应用。同时，以计算机网络和硬件设施为基础，采用 B/S 与 C/S 相结合的双构架模式，建设以 GIS 系统为平台，以 Web 技术为依托的集地政、矿政和决策分析于一体的煤矿区"一张图"综合监管决策平台，为矿区土地和矿产监管、宏观决策以及促进矿区资源与环境保护提供了技术与手段支持。

作　者

2014 年 9 月 20 日

于江苏徐州

目　　录

第1章 绪 论

1.1 矿区"一张图"工程建设背景

土地资源与矿产资源属同位异类资源，其重叠赋存的特性，决定了矿产开发开采常涉及大面积的土地扰动，而土地资源合理开发利用与保护的要求往往又限制着矿产资源开发开采的方式与规模。多年来，由于缺少科学有效的管理和调控手段，矿产资源开发与土地保护利用一直存在着尖锐的"矿地矛盾"：矿产资源开发对土地、环境和建筑造成严重破坏，严重制约地面土地利用，导致矿区国土资源的利用效率降低；同时土地利用压覆大量矿产资源，资源开发损失严重。图 1-1 为矿区地面地下对应关系图。

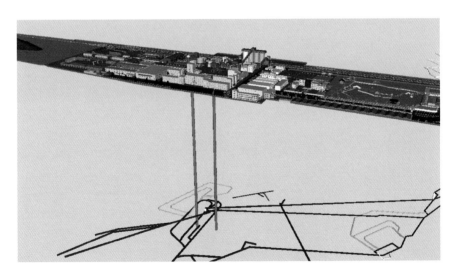

图 1-1 矿区地面地下对应关系图

对国土资源管理而言，国土资源部既要做好地质勘探、矿权管理、储量管理和地质灾害管理等"矿政"管理，又要做好土地规划、耕地保护、村镇搬迁和集约利用等"地政"工作。开发矿区各类地质、采矿、土地、资源和环境综合信息平台，将矿产资源与土地资源进行"一张图"管理，实时掌握矿区土地利用和矿产资源开发状况，对矿区每一块土地的"批、供、用、补、查"和每一个矿业权的审批、勘查、开采等进行实时全程监管，整合地下、地表和地上等各类国土资源信息。实行"一张图管地、管矿、管权"，是实现矿区国土资源协调管理、保证煤矿区土地利用与煤炭资源开发相协调、资源开发与环境保护相协调的主要技术途径。

国土资源部强力推进的矿区国土资源"一张图"工程建设，就是针对矿区城镇化发展进程中，信息化技术对国土资源管理创新带来的机遇与挑战而提出的。从矿区矿产资源开发、土地保护与利用、矿区城镇化建设、环境保护等现实国土资源管理需要出发，进行矿区国土资源管理"一张图"关键技术研究，以"图"管地、管矿、管权，以信息化建设成果带动矿区国土资源管理方式的转变，具有重要的实用价值。

1.2 矿区"一张图"建设的研究现状

矿区"一张图"建立的关键技术主要分为地面、地下信息获取和综合决策平台构建两部分，涉及面宽，如地面、地下信息获取有测绘与"3S"技术获取、地球物理化学勘探获取、野外地质调查观测获取、室内分析测试和图形获取等方式。本书按应用主导、着眼前沿原则，围绕矿区地表信息遥感获取、矿区地表沉降信息 InSAR 获取、物联网井下信息感知、矿区"一张图"综合监管决策平台构建等关键技术问题进行探讨。下面叙述相关领域国内外研究现状。

1.2.1 矿区地表信息遥感获取

1）矿区高分辨率遥感

高空间分辨率遥感技术能精细地描述地面目标的细部特征，细致反映相邻地物的空间关系。国内 20 世纪 90 年代以来，将高空间分辨率遥感数据应用于矿区环境监测的报道很多。2004 年，吴虹等采用 QuickBird-2 和 SPOT-1 遥感数据，利用人工目视解译方法，调查了广西大厂锡多金属矿田和高龙金属矿区生态环境破坏情况[1]；2005 年，李成尊等应用 QuickBird 遥感影像研究了晋城煤矿区不同类型地质灾害的遥感影像特征，对矿区地质灾害现状、成因、分布规律特点和调查精度进行了分析评价[2]。2006 年，王瑜玲等应用 QuickBird 遥感影像数据对江西省赣州市北部地区稀土矿的开采状况引发的地质灾害问题进行调查[3]；同年，雷国静等采用 QuickBird 遥感影像对南方离子型稀土矿周围植被长势进行了调查[4]；杨圣军等采用 QuickBird 遥感影像，通过目视判读与计算机自动分类相结合的方法，实现矿区地面塌陷信息的快速提取[5]；2007 年，于海洋等讨论了高分辨率遥感影像波段间配准误差对线性断裂、地面裂缝、滑坡体、地面塌陷等信息提取的影响[6]。目前，矿区环境下基于高空间分辨率遥感影像的信息提取大部分采取人工干预的方法，智能化的信息提取方法有待进一步发展完善。

2）矿区高光谱遥感

高光谱遥感技术（包括星载和机载）以其对地物的精细识别而具有广泛的应用能力，在矿区土地利用、矿产资源评价、固体和水体的污染调查和监测等领域发挥重要的作用[7]。20 世纪 90 年代以来，国外将高光谱遥感应用于矿区环境监测的研究逐渐增多，美国、加拿大、澳大利亚和欧洲联盟（欧盟）等发达国家和地区纷纷将高光谱遥感技术和方法应用于本国（地区）矿区环境监测中[8-10]。其中，美国和欧盟的试验和研究最为系统和深入。美国地质调查局（United States Geological Survey，USGS）利用高光谱遥感技术，系统研究了若干典型煤矿区的污染水的主要成分，检测受污染水域的空间分布范围[11]。美国地质调查局利用星载高光谱影像和地面实验室波谱测量结果绘制出了科罗拉多州某铅锌矿区酸性废物分布图，并融合高光谱数据和高程数据对美国某地磷矿废弃物的污染情况（主要是硒污染）进行了评估。欧盟的 MINEO 项目则联合英国、德国、葡萄牙、奥地利、芬兰 5 个国家，在 6 个矿区建立试点，应用 HyMap 机载高光谱数据和星载 Hyperion 数据，精确描绘采矿污染源及其扩散分布情况，研究矿区环境下的植被胁迫效应，并给出相应的环境评价结果[12]。

机载高光谱遥感兼具高空间分辨率的特征，近年得到迅速发展。2005 年，Minekawa 等利用遥感车作为平台获取高空间分辨率高光谱数据，分析了盐海地的波谱特征[13]；2005 年，Goovaerts 等采用基于机载 Probe-1 传感器获取的 1m 高光谱数据，结合空间、光谱特征实现了矿山尾矿区的异常信息提取[14]；2008 年，Vaughan 等基于新型机载 HyperSpecTIR、SEBASS 成像光谱仪获取的 2m 空间分辨率的高光谱影像，绘制了美国内华达州 Virginia 城市矿区的风化矿物专题图[15]。国内高光谱数据在矿区环境监测中的应用起步较晚。2004 年，周强等针对江西德兴铜矿区，从 Hyperion 数据中成功地提取了固体废弃物、不同类型的污水和植被污染信息[16]；2005 年，张杰林等利用高光谱遥感技术系统研究了煤矿区矸石山污染物的吸收光谱特征和受污染植被的光谱变异规律[17]；2006 年，万余庆等利用 OMIS1 数据系统全面地研究了矿区环境污染探测等相关问题，其中包括植被、土壤、水体和粉尘等内容，并采用 OMIS1 数据的热红外波段编制了宁夏汝箕沟煤田火区等值线图[18]；2007 年，郑礼全等利用 ASTER 数据监测德兴铜矿矿区的生态环境，提取矿区的黏土污染、水体污染和植被污染信息[19]；同年，程博等针对德兴铜矿区利用野外光谱测试仪分析了污染水体的波谱曲线特征[20]。以上工作为国内开展矿区高光谱遥感研究奠定了基础。

3）矿区双高遥感

从不同遥感平台获得的不同光谱分辨率、不同空间分辨率以及不同时间分辨率的遥感影像，形成多级分辨率影像序列的金字塔，为矿山环境信息提取与防灾减灾提供了丰富的数据源[21-22]。美国早在 1969 年就组织了由土地保护部矿山处执行的包括矿山环境与灾害监测的项目，取得了明显的效果。不仅如此，他们还利用遥感技术对煤矿开采产生的煤矸石山进行动态监测，以防止煤矸石堆发生爆炸；同时，对煤矿区土地复垦效果进行遥感动态监测，为土地复垦管理提供了客观的资料，提高了资源环境管理部门的执法力度。在欧洲，欧洲共同体（欧共体）正实施 MINEO 工程，以法国地质调查局为代表的多个欧洲公司和研究单位已经着手利用最先进的地球观测技术评价、监测开矿活动对环境造成的影响。
2001年，Prakash等采用Landsat TM数据、SAR影像、地形图、DEM
和GPS数据，基于数据融合技术对煤矿区的塌陷和煤火进行监测[23]；华
沙西南的Belchatow褐煤露天开采矿区是波兰中部地区重要的能源产地，
2005年，Mularz利用Landsat TM和SPOT卫星遥感图像以及航空遥感
相片对该地的环境状况、多年来土地利用/土地覆盖变化情况以及植被覆
盖变化情况进行了监测研究，指出SPOT全色图像和Landsat TM图像的
融合是最经济有效的监测露天矿区以及周边环境的数据[24]。此外，Ferretti
等利用成像光谱技术对西班牙的最大的铜矿区Rodaquilar进行长期跟
踪，分析了由于铜矿的过度开采造成地面沉降及严重影响其他资源和设
施的原因和发展趋势[25-26]。德国Ruhrgebirt地区的主要采煤公司使用干
涉雷达遥感技术和GPS对其煤矿开采的周围环境影响进行了评估，有效
监测了该地区的地面环境变化的位置和速率[27-28]。2007年，Winter等提
出了CRISP方法，可有效融合高空间分辨率多光谱数据（IKONOOS）
与较低空间分辨率高光谱数据Hyperion，该方法已经发展成为商用的高
光谱分析工具[29]；2008年，Sanjeevi采用ASTER遥感影像，结合
SRTM-DEM以及野外测量数据，针对印度某矿区开展了混合光谱分解方
面的研究[30]。

1998~2004年，国内学者郭达志、盛业华、杜培军等利用将遥感和
其他技术相结合的方法对晋城、铜川、开滦、徐州等矿区的大气、塌陷
情况进行了调查分析[31-33]；2002年，雷利卿等应用遥感技术对山东肥城
矿区的污染植被和水体信息进行了遥感信息提取，探讨了适合矿区环境
研究的遥感图像处理方法[34]；2004年，甘甫平等开展的江西德兴铜矿矿
山尾矿、固体废料环境污染遥感调查技术研究，首次利用ASTER和
Hyperion数据，基于野外实测地物的光谱曲线特征分析结果，通过各种
图像处理方法提取矿山环境污染信息，进行了矿山环境污染监测[35]；同
年，陈华丽等利用TM数据对湖北大冶矿区进行了生态环境监测[36]；杨忠
义等对平朔安家岭矿生态破坏阶段的土地利用/覆被变化进行了研究[37]；
陈旭利用美国陆地资源卫星提供的TM遥感信息，采用计算机分类、人
机交互式分类和影像目视解译3种方法，解译分析了鞍山市矿产开发对

土地、植被等生态环境的影响[38]；2006 年，李振存等依据水土流失特征和影像解译结果，提出了水土保持防治措施体系[39]；2007 年，马保东等基于 Landsat TM/ETM+遥感影像对兖州矿区地表覆盖变化进行了遥感分析，提出以 TM5 波段和 DN 值 40 为阈值自动区分矿区水体和煤堆固废占地的方法[40]；卓义等针对内蒙古伊敏露天矿区，采用 5 个时相 Landsat-TM 遥感影像，分析了煤矿生产对矿区及其周边草原生态环境的影响[41]；漆小英等以攀枝花钒钛磁铁矿区为例，采用土壤调节大气耐抗植被指数差值模型提取矿区扩展变化[42]；2008 年，许长辉等开展了基于加权融合算法、光谱分解-锐化方法、高光谱数据降维后融合、双高数据与 SAR/InSAR 数据融合等[43]提取煤矿塌陷地。

总之，双高遥感应用是一个新的遥感应用方向，包括两类：一类为具有高空间分辨率的高光谱遥感应用，另一类为高空间分辨率遥感与高光谱遥感数据融合分析技术。前者仍在发展中，国际上尚未形成可民用的遥感平台；后者方兴未艾，充分利用高空间分辨率遥感数据和高光谱遥感数据的优势，进行数据融合处理，精确获取地物的光谱特征和空间分布特征，在矿区复杂开采扰动环境中的地质灾害、生态环境变化监测与预警中具有广阔的应用前景[44-45]。

由于我国矿山种类繁多，分布广泛，开采方式各不相同，矿产资源开发利用情况较为复杂，监测目标众多，在监测区选择、监测目标确定、遥感数据源选择、遥感信息提取以及矿山地物类型解译标志建立等关键环节的技术要求和遥感分类精度仍需探索。

1.2.2　矿区地表沉降信息 InSAR 获取

合成孔径雷达干涉测量（InSAR）是以合成孔径雷达复数据提取的干涉相位信息为信息源获取地表三维信息和变化信息的技术。干涉雷达在 1969 年被用于火星观测[46]，1972 年被用于观测月球的地形[47]。1974 年，有专家提出用合成孔径雷达干涉测量进行地形测绘[48]；1986 年，美国喷气推进实验室发表了用机载双天线 SAR 进行地形测绘的结果，拉开了干涉合成孔径雷达研究的序幕[49-50]；2000 年，Nakagawa 等利用 JERS-1 L 波段 SAR 监测 Kanto 北部平原的地面沉降，研究表明 L 波段的 SAR 数据比 ERS C 波段数据，更适合于平原地区的地面沉降监测[51]；2001 年，Hirose 等利用 JERS-1 数据监测印度尼西亚 Jakarta 地区的地面沉降，其结果与 GPS、水准仪测量较好地吻合[52]；澳大利亚新南威尔士大学采用 JERS-1 L 波段的 SAR 数据，用 D-InSAR 技术对 Appin、West Cliff、Picton 三个地方的煤矿沉陷区进行试验研究，并在研究中引入了 GPS 数据[53-55]。随着差分干涉技术的不断发展，针对地表特征相对复杂的沉降区域，相应的处理方法相继出现，一些关键步骤的处理方法也得到了改进，例如，Raucoules 等在 2003 年利用 ERS 数据通过相位滤波技术对法国南部 Vauvert 城市附近少量植被覆盖的盐矿区进行沉降监测，测量结果与水准测量结果比较吻合[56]；2004 年，Ge 等用 ERS-1/2 与 EnviSat C 波段和 JERS-1 L 波段 SAR 影像对澳大利亚悉尼南部煤矿区进行了试验研究，结果表明 L 波段更适合于煤矿植被覆盖地区沉陷的监测[57-59]；2006 年，Cascini 等[60]、Casu 等[61]、Manzo 等[62]分别对意大利萨尔诺城市、那不勒斯海湾和美国加利福尼亚的洛杉矶、伊斯基尔岛沉降采用空间基线较短的数据形成干涉进行沉降监测，并将该技术与 GPS、水准测量仪结合，更为有效准确地获取沉降场和沉降速率；2009 年，Perski 等利用 D-InSAR 和 PS-InSAR 技术对波兰 Wieliczka 地区开采沉陷进行监测，对不同沉降速率和沉降时间的地区采用了不同方法，精密水准测量结果对比表明，吻合性较好[63]。

国内利用 D-InSAR 进行变形监测方面的研究起步较晚，但也取得了一些成果。1999 年，李德仁等采用欧洲太空局（欧空局）ERS-1 和 ERS-2 相隔一天的重复轨道 SAR 数据，将 1995～1997 年中由重复水准测量求得的地面沉降等值线图与由 D-INSAR 得到的基于干涉条纹进行比较[64]；2001 年，刘国祥等利用 1998 年 12 月 29 日和 1999 年 11 月 9 日的两景 SAR 影像进行干涉处理，D-InSAR 监测结果和一等精密水准测量结果的总体相关系数为 0.89，差异均值为 –3.5mm，差异的总体标准偏差为 5.6mm，表明干涉结果精度优于 1cm[65]。

2002 年，王超等利用欧空局 ERS-1 和 ERS-2 获取的苏州地区 1993～2000 年的 SAR 数据，通过"三轨法"差分干涉测量处理，获取了苏州市 1993～2000 年的地面垂直形变量和沉降速率[66-68]；2005 年，高均海等采用"三轨法"和"二轨法",对唐山市和开滦矿区地表演变与开采沉陷的 D-InSAR 监测进行了初步研究[69-70];2007 年,王行风等利用 ERS 数据在潞安矿区进行了 D-InSAR 初步研究,得到了山西潞安矿区沉陷分布情况,发现大多与采掘工作面位置吻合[71];2009 年,邓喀中等针对徐州沛城矿区采用 5 景 ERS-1 和 ERS-2 数据进行"三轨"和"四轨"试验,发现 D-InSAR 监测结果和水准观测的下沉差值与距离呈线性关系[72];2010 年,范洪冬利用 PS-DInSAR 和 SBAS 方法获取了天津主城区 1992～1997 年间的地表下沉情况[73];2011 年,盛耀彬针对北京地区和澳大利亚某矿区开展了基于时序 SAR 影像的地下资源开采导致的地表形变监测研究[74]。

综上,国内外运用 D-InSAR 相关技术进行地面沉降监测主要集中于地面沉降范围的确定和沉降量的获取,煤矿区地表的特殊复杂性,除了面临着失相干和大气效应等干涉测量共性问题外,D-InSAR 技术在矿区地面沉陷监测方面存在更多困难,特别是对于植被覆盖密集的地区,D-InSAR 监测的研究相对滞后。

1.2.3　物联网井下信息感知

物联网(internet of things,IOT)是互联网和通信网的网络延伸和应用拓展,其利用感知技术与智能装置对物理世界进行感知识别,通过互联网和移动通信网等网络的传输互联,进行智能计算、信息处理和知识挖掘,实现人与物、物与物的信息交互和无缝连接,达到对物理世界实时控制、精确管理和科学决策的目的。

作为物联网应用的一个重要领域,"感知矿山"是通过各种感知、信息传输与处理技术,实现对真实矿山整体及相关现象的可视化、数字化及智能化,打造本质安全型矿井。

2010 年,张申等以物联网与感知矿山专题讲座方式分别阐述了物联网的基本概念及典型应用、感知矿山与数字矿山和矿山综合自动化、感知矿山物联网的特征与关键技术和感知矿山物联网与煤炭行业物联网规划建设[75-78]。

2011 年,张锋国构建了矿区物联网三层网络架构[79];赵文涛等在

VS2008 环境下设计实现了简单的煤矿设备管理系统,利用工业以太网和无线传感网相结合的方式,传输井下各种设备的 EPC 码信息,避免了传统的用 RFID 作为标签引起的隐私泄露和环境污染问题[80];孙继平提出了煤矿物联网特点和煤矿物联网需要解决的关键技术问题,如煤矿物联网信息编码、传输、处理等标准,但未能给出煤矿物联网的应用实例[81]。

钱建生等为了实现煤矿井下复杂生产环境下的人员、物资、设备和基础设施等的实时有效的监控和管理,综合利用传感器技术、射频技术和智能嵌入技术等,结合工业以太网、无线传感器网、互联网和移动通信网,设计了基于 IE 浏览的煤矿综合自动化软件平台,解决了煤矿安全生产综采工作面的协同管理、井下重大灾害预警和矿井灾害有效救援等问题[82]。

刘延岭针对煤矿安全事故频繁发生,井下人员营救困难等特点,提出了基于物联网的人员定位系统的解决方案[83];孙彦景等针对煤矿安全生产监测、监控、预警与应急救援的要求,提出将信息感知、信息传输、智能处理、现代控制技术与现代采矿技术相结合,基于工业以太网综合自动化系统和无线传感器网络,构建动态感知煤矿灾害状况、设备健康状态、人员安全环境的煤矿安全生产物联协同网络系统,实现复杂环境下生产网络内的人员、机器、设备和基础设施的协同管理与控制,有效地解决煤矿安全开采和重大灾害防治的问题[84];王军号等针对煤矿瓦斯监测的复杂性和不确定性,将物联网感知技术应用到瓦斯监测系统中,构建了感知层的分布式星状无线传感器网络,研究了物联网中的关键技术信息融合算法,针对不同的融合层次,分别采用了模糊近似度规则、D-S 证据理论和基于灰色关联分析的融合方法,并设计开发了智能移动 Sink 节点,为煤矿的瓦斯监测应用物联网提供了感知层解决方案[85]。

由于煤炭生产系统复杂,工作场所黑暗狭窄,地质条件的变化会使移动的采掘工作面不断出现新情况和新问题,地下物联网感知仍处于初步探索阶段。特别是煤矿生产与安全系统多达数十种,而且由不同厂商提供,其数据格式、通信方式与协议、自动化水平均各不相同,在狭窄的巷道空间里形成数十套感知层网络是不合适的。因此，地下物联网感知一定要打破物联网应用初期功能单一、网络独立、数据私有、缺乏标准的现状，采用适当的矿山物联网模型架构，规范应用模式，统一数据描述方式，按照统一规划、整体设计、分步实施的原则进行。

1.2.4　矿区"一张图"综合监管决策平台

1）土地资源管理信息系统

发达国家利用计算机技术和 GIS 技术对土地和矿产资源的管理已有 30 年以上的历史。世界上第一个土地管理信息系统是加拿大测量学家 Tomlinson 首次提出并建立的；从 20 世纪 70 年代起，欧洲的德国、瑞士和奥地利三国对土地管理工作自动化进行了研究并取得了一定的成效[86-87]；之后，美国等相继建成了土地信息系统[88]；1973 年，奥地利建成了地产数据库，有效地克服了手工管理的缺陷，改善了对公众的服务，工作效率高，数据查询覆盖全国[89]；德国于 1983 年将各州地籍登记的全部内容按统一的格式建立地籍数据库，使用者可以随时以人机对话的形式对数据库进行检索、查询等[90]；到 90 年代，发达国家实现了包括土地调查、土地登记和宗地图制作等内容的计算机管理，其中不少国家的土地信息实现了网上查询，一般用户可以随时通过因特网查询其所需要的任何一块宗地信息，荷兰、加拿大等国已经开始宗地信息网上查询的有偿服务，系统用户可以通过网络修改、更新数据。荷兰的土地管理信息系统还实现了对属性和图形历史数据的统一管理[91-92]。

从 1987 年国家土地管理局成立以来，国内土地信息系统发展迅速。1997 年，国务院提出了"土地管理部门要抓紧建立全国土地管理动态信息系统，利用现代技术手段，加强对全国土地利用现状的动态检测"的指示精神。根据这一指示精神，国土资源部专门成立了相应部门，负责管理土地管理的信息化建设，在国土资源部的鼓励和扶持下，各地相继建立起一些规模不同、面向不同管理层次的土地管理系统[93]。数据库从过去的属性数据库到现在的集图形、表格、声音和图像于一体的综合性数据库。系统功能从简单的档案管理到现在的集办公、统计、分析和管理于一体的大型信息系统。

　　2）矿产资源管理信息系统

　　加拿大是世界上最早应用 GIS 技术于矿产资源调查，对矿产资源进行数字化管理的国家之一。二三十年来，加拿大政府建立了"矿产地索引数据库"、"MINTEC"、"CANMINDEX"、"MINSYS"等与矿产资源管理和矿产利用有关的数据库，大大提高了矿产资源管理的信息化水平[94]。美国也是矿产资源管理和矿业管理全面信息化的国家，分门别类地建立了"计算机矿产资源信息库"、"矿产可得性系统"、"全国煤资源数据库"、"油页岩数据存储系统"、"全国铀资源数据库"、"煤矿山统计数据库"、"镍/钴数据库"、"铁矿资源评价数据库"、"MON"、"IPROB"、"CPMIN MAP"、"MDS"、"矿产工业分子系统"等各种庞大、全面、完整的数据库系统，并开发了应用软件，为美国的决策管理提供了有力的支持服务[95]。除此之外，美国的大学机构也开展了矿产数据库的建设，如亚利桑那大学的"露采及环境信息系统"、俄克拉何马大学的"石油数据库系统"、宾夕法尼亚州立大学的"宾夕法尼亚州煤数据库"等[96]；澳大利亚自 20 世纪七八十年代以来，大力推进矿产资源的信息化管理，联邦政府拨专款支持包括矿产资源管理数据库等的信息管理建设[97]，如澳大利亚矿产资源、地质和地球物理局建立的 GEODX 数据库。

　　国内对矿产资源进行系统管理起步较晚。地矿行政管理职能的全面到位和管理工作的不断深入、计算机技术和 GIS 技术的迅猛发展，对矿产资源管理手段和管理水平提出了更高、更新的要求。国土资源部于 2003 年 10 月发布了《关于建立矿产资源储量空间数据库的通知》，随着高质量空间数据库的建立，各种矿产资源管理系统相继出现。中国地质大学数学教研室在云南铜矿预测中，首先运用 MAPGIS 进行管理和评价；徐旭辉等以 Geo_Union 开发了"无锡矿产资源管理信息系统"[98]；白万成等以 ArcView 平台开发了"地质矿产信息系统"[99]；陈练武等以 MapGIS 开发了榆林地区的矿产资源管理系统[100]。

3）"一张图"管理信息系统

杨文森对湖北省"一张图管矿"的业务模式进行了探讨，并将矿业权实地核查数据与矿产资源规划等多个数据库进行集成与设计，给出了建设"一张图管矿"应用系统的总体思路和系统结构，并进行了初步实现[101]。徐仁勇应用 SuperMap 平台建立了重庆市南川区矿政监督管理信息系统[102]，该系统以全国矿业权实地核查成果为基础，将多种矿政管理日常监管数据整合集成，推进矿业权实地核查成果的深度应用，形成了矿业权实地核查成果的应用示范，提高了矿政管理的监督管理水平，同时探索建立了矿政管理"一张图管矿"的模式和机制。柳州市国土局结合实际情况，将基础地理数据与各种业务专题数据集成，实现了土地信息之间的互操作简单化、数据准确化，为土地信息的共享提供了很好的数据管理模式[103]。

随着国土资源信息化工作的深入、"数字国土"和"金土工程"的实施、全国国土资源第二次土地调查成果的验收入库及国家"一张图"工作的推进，各地国土资源信息化建设面临着新的问题：一是各类管理行为未能完全在统一的平台上进行，基础数据库覆盖面不全，现势性不强，数据重复、不一致，管理类数据标准化、完整性还有待提高；二是信息系统建设分散，各个管理环节存在鸿沟壁垒，没有实现数据的互联互通；三是信息资源的应用还局限在一个部门内部，对上下级相关国土管理部门的支撑以及广域社会化信息服务的支持不够理想。在这种形势下，急需构建"一张图"综合监管平台，实现从"以数管地"到"以图管地"的转变。总体来讲，目前我国在实现土地、矿产资源的管理和应用中，开展了大量的信息化工作，通常的做法是分别建立相应的信息管理系统。国内外很少有关于矿区土地资源与矿产资源信息综合监管的相关成果报道，目前的研究还主要着眼于矿山土地与地下资源的分隔管理，而构建矿区国土资源协调开发利用中的采集、管理、预警和决策等功能的综合监管信息平台具有重要的创新性、前瞻性和研究价值。

1.3　矿区"一张图"建设的研究内容和技术框架

矿区"一张图"工程是以建设用于煤矿区国土资源（矿产资源、土地资源）管理的"一张图"为主线，探索煤矿区地表信息遥感及 SAR 获取、监测、分析、评价技术和基于矿山物联网的地下资源及其开发的感知监控技术，建立矿区国土资源综合监管预警机制与方法体系，在统一的数据组织、数据模型下，形成矿区国土资源管理"一张图"核心数据库，集成管理矿区"矿籍"信息（包括矿山企业信息、矿产资源储量、地质条件、水文条件和人员设备定位等）和"地籍"信息（包括矿区土地规划、土地利用和土地权属等）异构数据，实现矿产资源开发与土地保护利用的信息关联和耦合计算，开发矿区国土资源管理"一张图"综合监管信息平台，为矿区资源监管和宏观决策提供统一的数据和技术保障。

1.3.1　研究内容

1）煤矿区"一张图"内涵研究

针对矿区矿产资源、土地资源等分离管理弊端，研究矿区矿产资源管理、土地资源管理"一张图"综合监管的内涵、特征、框架和机理。

2）煤矿区"一张图"地表信息遥感获取和应用

其主要研究煤矿区"一张图"建设中的地表信息遥感获取和应用问题。将运用多光谱遥感及其他资料，研究基于多元、多时相、多尺度、异构数据的煤矿区土地利用"一张图"数据融合处理与评价技术，通过探索矿产开发扰动下的土地利用/覆盖的空间格局分类与动态变化监测给出其应用途径。

3）煤矿区"一张图"地表沉降信息 InSAR 获取和应用

其主要研究煤矿区"一张图"建设中的地表沉降信息 InSAR 获取和应用问题。拟以 SAR 影像为主要数据源，采用不同基线组合，分别对各种传感器的 SAR 数据（ALOS、ENVISAT 合成孔径雷达数据）进行干涉处理，重点研究 D-InSAR 地表沉降信息获取体系，评估地面沉降信息提取的精度。在此基础上，利用时序 SAR 研究矿区沉降的非线性模型，揭示地表沉降变形的演变规律。

4）煤矿区"一张图"建设中的物联网井下信息感知

其主要研究煤矿区"一张图"建设中的地下资源及其开发信息物联网感知和应用问题。将研究矿山物联网 GIS 内涵、工作原理和部署框架，基于实时定位系统（WiFi RTLS）、自定义 UDP 等物联网关键技术开发矿山物联网 GIS 系统，以实现煤矿地下复杂信息的感知。

5）煤矿区"一张图"综合监管决策平台

其主要研究煤矿区"一张图"综合监管决策平台的构建问题。融合煤矿区地上、地表和地下多源信息。研究适合煤矿区土地资源、矿产资源"一张图"的数据组织和管理模型，构建矿地"一张图"核心数据库，实现数据整合、分层存储、集中管理和分布式应用；针对矿产资源开发造成的地表破坏、地下越层或越界开采、矿产资源压覆等问题，集成 3S 空间信息技术、矿区物联网感知技术和智能决策技术开发，开发矿区国土资源管理"一张图"综合监管决策平台，实现矿区多层空间（地面和地下）信息、多种资源、环境时空信息的存储、处理、复合、分析与评价。

1.3.2　技术框架

本书以 3S、物联网等空间信息技术为手段或技术支撑，紧密结合煤矿区国土资源"一张图"建设中的信息获取、决策平台构建应用需求和存在问题，将实际监测、调查评价、方法探索和系统开发贯穿一体，集成高分辨率遥感、InSAR、井下传感器等煤矿区"矿籍"信息和"地籍"信息在内的多元、异构、多尺度空间信息，探索信息获取、数据融合方法，提取煤矿多要素定位、定性、定量、定谱信息，建立煤矿区国土资源"一张图"核心数据库，开发矿区国土资源管理"一张图"综合监管决策平台，技术框架如图 1-2 所示。

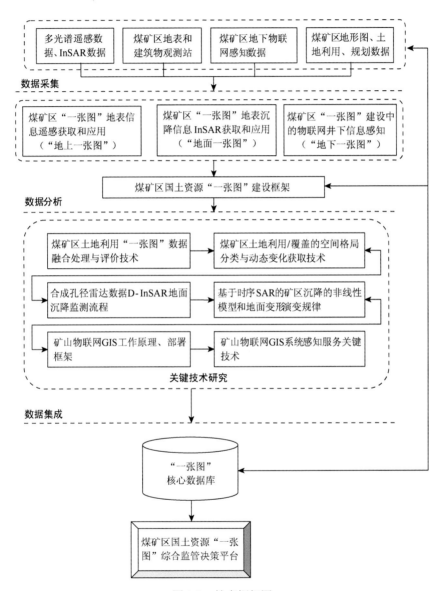

图 1-2 技术框架图

第 2 章 煤矿区"一张图"内涵

全国"一张图"是国土资源部加强国土资源动态监管的创新举措。煤矿为特殊区域,地表和地下信息具有多源性、时空性和动态性。煤矿区"一张图"工程建设具有诸多特点。本章叙述"一张图"建设背景,讨论煤矿区"一张图"内涵、"一张图"监管模式与服务模式,给出煤矿区"一张图"的建设意义。

2.1 "一张图"背景

1)"保发展、保红线"的工作要求

改革开放后,我国经济社会逐步进入了高速发展轨道,而土地和矿产资源管理却相对滞后。尽管从 21 世纪开始实施了最为严格的国土资源管理政策,但耕地仍在快速减少,矿产资源开发秩序仍不规范,这严重影响到我国的粮食安全、矿产资源安全和可持续发展。要实现"保发展、保红线,构建城乡统筹国土资源管理科学发展新机制",就必须全面掌握土地、矿产和地质环境等国土资源的真实现状,及时掌握土地、矿产的开发利用变化状况,包括批准、供应、利用的现状以及补充的耕地、违法用地和违法开采等详细情况。这就要求国土资源管理部门必须创新国土资源动态监管的举措,构建统一的综合监管平台,实现资源动态监管的目标。

2)金土工程建设的要求

2004 年,《国务院关于深化改革严格土地管理的决定》明确提出,"组织实施金土工程,充分利用现代高新技术加强土地利用动态监测,建立土地利用总体规划实施、耕地保护、土地市场的动态监测网络"。国土资源部金土工程二期计划在一期工程的硬件网络环境、数据库和应用系统等成果基础上,开展国土资源综合信息监管平台、国家地籍数据库、地质灾害预警预报与应急指挥系统等方面的建设工作,为参与国土资源"一张图"工程宏观调控、加强土地批后监管、矿产资源开发的规范化管理等提供信息保障和技术支撑。

3）二次调查以及建设用地批后监管的要求

2008 年，国土资源部为适应新形势、新任务的需要，结合全国第二次土地调查工作开展了 "一张图" 本底数据库建设，为建立国土资源监管新机制提供了数据基础。2008 年 12 月，国土资源部下发了《关于加强建设用地动态监督管理的通知》，要求对建设用地 "批、供、用、补、查" 等有关情况实行全面监管、全程监督，构建统一的网络监管平台，促进各项建设用地依法依规、节约集约利用。

2009 年 11 月，在上海举办的全国国土资源信息化工作现场会上，国土资源部部长徐绍史明确提出抓好国土资源 "一张图" 建设，特别指出要完善综合信息监管网络系统，扩大业务覆盖面和地区覆盖范围，把包括用地审批、土地供应、土地利用、土地权属、补充耕地、探矿权、采矿权、矿产资源储量登记统计、矿山开发利用统计、地质灾害和执法监察在内的资源状况、资源收益和管理行为等信息全部纳入监管平台进行监测、监控和监管，并以此为基础，加强数据综合分析和比对研究，有效服务于国土资源信息化管理。在矿区，开发建设国土资源管理 "一张图" 管理信息平台具有重要的现实意义，但由于管理业务和技术开发的复杂性，目前在我国尚无成熟应用的先例。

2.2 煤矿区 "一张图" 体系

"一张图" 建设是实现国土资源精细化、科学化管理的必然要求，也是利用科技手段实现国土资源监管与服务的必由之路。从 2008 年国土资源部提出 "一张图" 概念以来，其内涵不断演化和发展，经历了从 "遥感影像一张图" 到涵盖影像数据与土地利用现状数据的 "一张图本底数据库"，最后形成现在覆盖全域涵盖土地、矿产和地质环境等各类业务数据的国土资源 "一张图"。

2.2.1 煤矿区"一张图"定义

煤矿区"一张图"是指借助 3S 地理空间信息技术、数据库技术、网络技术和物联网技术等信息化技术手段,将遥感影像、土地利用现状、基本农田状况、土地利用动态遥感监测、矿产资源开发和基础地理等多源信息集合到统一的地图上,并与国土资源(矿产资源、土地资源)的计划、审批、供应、补充、开发和执法等行政监管系统叠加,共同构建统一的综合监管平台,实现资源开发利用的"天上看、网上管、地上查",从而实现资源的动态监管。

煤矿区国土资源"一张图"的主要内涵包括以下 4 方面。一是全面性,即在时间和空间上 4 个"全覆盖":空间范围全覆盖做到"一览无余",业务内容全覆盖做到"无事不含",数据类型全覆盖做到"无所不包",时间维度全覆盖做到"无时不有"。二是整体性,各类业务数据统一整合、互相关联。三是共享性,各类数据可以跨部门跨区域实现横向纵向充分共享。四是现势性,各类数据反映国土资源真实现状并实时更新。

2.2.2 煤矿区"一张图"框架

煤矿区"一张图"框架按照"三位一体"(即地上、地面、地下)的建设思路,通过搭建"一张图"协同监测信息平台,以"地矿一体、全域覆盖"为理念,实现信息服务"业务全覆盖、部门全覆盖、区域全覆盖"等 3 个全覆盖,建立"网上受理、网上办公、网上审批、网上监察"的国土资源管理信息化运行体系,如图 2-1 所示。

煤矿区"地上一张图"是指利用中高分辨率遥感影像、航片等遥感数据,全面、客观、及时地查清区域土地利用现状和动态变化信息。相对于传统的外业实地测量,土地利用动态遥感监测具有高精度、高效率的特点。其本质是基于同一区域多时相间存在着光谱特征的差异,通过量化多时相影像的空间域、时间域和光谱域的特征,获取区域土地利用的变化类型、位置和数量等信息,实现土地开发利用的"天上看"。

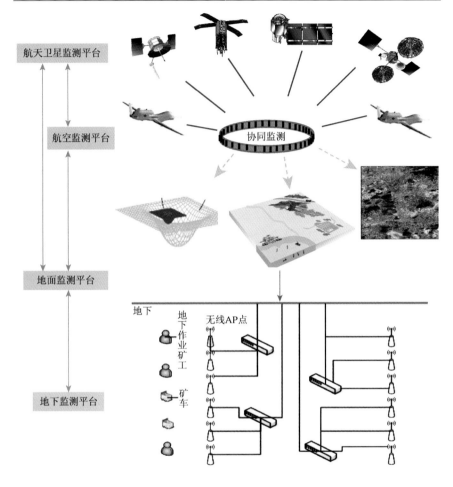

图 2-1　煤矿区地空协同监测一张图框架

　　煤矿区"地面一张图"是指以最细粒度的土地要素为管理单元，涵盖土地资源管理的批、供、用、补、查等环节，通过土地形态变化把其业务属性信息串联起来，形成土地生命周期的业务数据链。同时利用差分干涉雷达测量技术（D-InSAR）确定矿山开采的形变场和时空特征，协同常规地表形变监测方法分析煤矿开采地表沉陷的机理，获得矿区地表变化信息，实现煤矿区土地利用现状和地面沉降的"地下查"。

煤矿区"地下一张图"是指利用 GIS 和物联网等信息手段，通过煤矿地下资源的各种感知、数据传输和数据处理技术，利用对真实矿山地下相关现象的可视化、数字化和智能化分析，实现煤矿区地下感知资源的"网上管"。

总之，矿区国土资源管理"一张图"框架要求具有全面性、整体性、关联性和共享性，实现煤矿区国土资源的空间全覆盖、业务全覆盖、类型全覆盖和尺度全覆盖。在第二次全国土地调查数据、矿业权核查数据、土地利用规划数据、矿产资源规划数据、矿井储量动态监测数据的基础上，汇集其他各类土地、矿产资源、基础地质和地质环境等信息，建立矿区国土资源管理核心数据库。通过信息化建设，建立矿产资源开发与土地开发利用的"信息纽带"，开发决策支持系统，科学指导矿区国土资源调查、规划、开发和监管，为矿区国土资源和谐开发及绿色开采提供技术支持。

2.3　"一张图"监管模式与服务模式

煤矿区"一张图"监管模式主要包括指标监管、批前监管、批中监管、批后监管和远程监测 5 种模式。

（1）指标监管。提取和展示"征、供、用、补、查"等专项指标，实现对土地和矿产资源现状、开发利用和市场的实时监测、监管。

（2）批前监管。通过遥感监测、动态巡查等方式，建立"防范在前、发现及时、制止有效、查处到位"的执法监察新机制，充分发挥批前防范监管作用，最大限度地减少土地利用和矿产开发违法行为的发生。

（3）批中监管。按照"以图管地、以图管矿"的工作思路，对各类业务的一致性、符合性和关联性进行审查，实现各项土地及矿产审批业务和交易过程的监管。

（4）批后监管。检查项目用地是否按照批准的面积、位置和用途使用土地，矿山开发等是否按照规定范围、要求进行，实现对项目实施过程监管与效果评价。

（5）远程监测。对地下资源开发采用感知物联网等技术，建立监测体系，提高矿产资源开发远程监控、井下人员设备定位、瓦斯等灾害预警预报能力，实现多方联动和远程会商。

通过"一张图"数据门户，浏览、查询每一个宗地或地（矿）块的信息，并以多种手段实现国土资源信息共享，向政府、企业和社会提供全面、及时和便捷的信息服务，包括如下内容。

（1）数据查询。在线浏览和查询地（矿）块的位置、权属、面积、用途、业务档案、证书及其他详细信息。

（2）数据下载。授权内部用户将各类国土资源数据下载到本地编辑修改、辅助办公。

（3）数据共享。基于"一张图"数据共享服务系统，定制各类信息服务产品，为其他政府部门、企事业单位提供国土资源数据的浏览、查询、下载和分发等共享服务。

煤矿区"一张图"建设要求完善综合信息监管网络系统，扩大业务覆盖面和地区覆盖范围，把包括用地审批、土地供应、土地利用、土地权属、补充耕地、探矿权、采矿权、矿产资源储量登记统计、矿山开发利用统计、地质灾害和执法监察在内的资源状况、资源收益、管理行为等信息纳入监管平台进行监测、监控和监管，并以此为基础，加强数据综合分析和比对研究，有效服务于宏观调控。

2.4　"一张图"意义

煤矿区"一张图"的研究对于实现资源状况"一览无余"，资源家底"心中有数"具有重要意义。

（1）有助于以可持续发展思想为指导，按照系统科学和大资源观整体思路，研究矿产资源开发与土地资源保护的协调机制、监督与调控机制；以矿区土地与矿产信息为纽带，可促进构建地矿一体化管理的理论体系与运行机制，探索土地资源和矿产资源统一管理的技术支持系统。

（2）以遥感和地理信息系统作为手段，充分利用空间信息技术在速度、效益、效率和成本等方面的优越性，结合矿区的实际情况，建立地矿资源一体化管理的模式和有关的数据处理、动态监测方法等，进而研究煤矿区国土资源"一张图"综合监管决策平台,形成相应的理论与技术体系,有助于推动 GIS 在矿区的应用,促进矿山规划、管理、决策支持的现代化、智能化、集成化和信息化。

(3)有助于实现对矿山企业资源开发状况的实时动态监测、越层越界开采和资源破坏的超前预警、土地塌陷破坏的准确预计以及矿产资源开发与土地资源保护的综合决策,达到提前阻止浪费甚至破坏矿产资源的开发行为,保证矿产资源的优化配置和合理开发利用,防止矿山违法开采导致安全事故的发生,协调矿山与地方矛盾的多重目的。

2.5　本章小结

本章针对国土资源"一张图"的背景需求,提出了煤矿区土地资源和矿产资源"一张图"综合监管的定义、内涵、框架、监管模式和服务模式。

第3章 煤矿区"一张图"建设中的地表信息遥感获取

煤矿区是以煤炭资源为对象的采掘工业及其相关的社会生产发展到一定规模后形成的特殊地域。其地表变化是地下采矿活动对区域生态系统影响的综合反映。随着地球空间信息技术的发展,各种资源环境监测卫星的发射与运行为煤矿区"一张图"建设中的地表动态变化信息获取提供了多平台、多光谱、多时相、大范围的工具。本章将设计基于多源遥感影像的煤矿区地表变化信息提取的技术路线;结合安徽省皖北煤电集团公司钱营孜煤矿,给出煤矿区影像融合方法的最优选取、融合与精度评价的研究成果;分析基于多源遥感的地形图更新方法与精度;基于神东矿区遥感数据,讨论煤矿区土地利用空间格局动态变化信息的获取和分析方法。

3.1 基于多源遥感影像的煤矿区地表信息提取的技术路线

3.1.1 TM/ETM+数据

Landsat 卫星是美国陆地资源卫星,自 1972 年发射陆地卫星 1 号(Landsat-1)以来,目前已经发射了 7 颗(Landsat-1~7)。表 3-1 给出了 Landsat TM/ETM+图像的技术参数和应用范围。其中 1~7 波段是两种图像共有的波段,但在第 6 波段上,Landsat ETM+图像地面分辨率提高至 60m,第 8 波段是 Landsat ETM+图像新增的一个波段[104]。

表 3-1　Landsat TM/ETM+图像各波段的技术参数和应用[104-105]

波段	波长/μm	波段名称	地面分辨率/m	主要应用范围
1	0.45～0.52	蓝色	30	对水体有透射能力，能够反射浅水的水下特征，可区分土壤和植被，编制森林类型图，区分人造地物类型
2	0.52～0.60	绿色	30	探测健康植被绿色反射率，可区分植被类型和评估作物长势，区分人造地物类型，对水体有一定的透射能力
3	0.63～0.69	红色	30	可测量植被绿色素的吸收率，并依次进行植物分类，可区分人造地物类型
4	0.76～0.90	近红外	30	测定生物量和作物长势，区分植被类型、绘制水体边界、探测水中生物的含量和土壤湿度
5	1.55～1.75	短波红外	30	用于探测植物含水量和土壤湿度，区分云与雪
6	10.4～12.6	热红外	120/60	探测地球表面不同物质的自身热辐射的主要波段，可用于热分布制图
7	2.08～2.35	短波红外	30	探测高温辐射源，如监测森林火灾、火山活动等，区分人造地物类型
8	0.52～0.90	全色	15	黑白图像，用于增强分辨率，提高分辨能力

3.1.2　SPOT 卫星遥感数据

SPOT 遥感影像具有两个突出特点：一是具有高的地面分辨率；二是可以同时利用两个线性阵列探测器分别从不同角度对目标地物观测，获取同一地区的立体图像[106]。SPOT5 是目前国际上最优秀的对地观测卫星之一，集合了多重分辨率、多种遥感器的新一代地球资源空间遥感平台，其技术参数和主要应用范围如表 3-2 所示。

表 3-2　SPOT5 技术参数和主要应用范围

波段序号	波段范围/μm	波段名称	地面分辨率/m	主要应用范围
1	0.50～0.59	蓝色	10	可区分植被类型和评估作物长势，对水体有一定的穿透深度，可区分人造地物
2	0.61～0.68	红色	10	可识别农作物类型，对城市道路、大型建筑工地反应明显，可用于地质解译，辨识石油带、岩石与矿物等

波段序号	波段范围/μm	波段名称	地面分辨率/m	主要应用范围
3	0.79~0.89	近红外	10	可检测作物长势,区分植被类型,可绘制水体边界,探测土壤含水量
4	1.58~1.75	短波红外	10	用于探测植被含水量和土壤湿度,区别云与雪
PAN	0.48~0.71	全色波段	5/2.5	可以调查城市土地利用现状,区分城市主要干道,识别大型建筑物,了解都市发展状况

3.1.3 中巴地球资源卫星数据

中巴地球资源卫星(China-Brazil Earth Resources Satellite,CBERS)是我国和巴西联合研制的。自 1999 年 10 月 14 日发射 CBERS-01 后,又分别于 2003 年和 2007 年发射了 CBERS-02 和 CBERS-02B,是我国拥有自主知识产权的资源卫星。表 3-3 给出了 CBERS 图像的技术参数。利用 CBERS 卫星 CCD 和 HR 的融合影像可以有效地监测矿区土地覆被变化和环境退化。

表 3-3 CBERS 图像各波段的技术参数[107]

传感器	有效载荷	波段名称	波段范围/μm	地面分辨率/m	主要应用范围
CBERS-01/02	CCD 相机	蓝色	0.45~0.52	20	主要用于农、林、水、环保、灾害监测等领域
		绿色	0.52~0.59	20	
		红色	0.63~0.69	20	
		近红外	0.77~0.89	20	
		全色	0.51~0.73	20	

3.1.4 ALOS 卫星遥感数据

对地观测卫星 ALOS 是 JERS-1 与 ADEOS 的后继星,采用了先进的陆地观测技术,能够获取全球高分辨率陆地观测数据,主要应用于测绘、区域环境观测、灾害监测和资源调查等领域。ALOS 卫星载有 3 个传感器:全色遥感立体测绘仪(PRISM),主要用于数字高程测绘;先进可见光与近红外辐射计-2（AVNIR-2），用于精确陆地观测；相控阵型 L 波段合成孔径雷达（PALSAR），用于全天时全天候陆地观测。ALOS 卫星采用了高速大容量数据处理技术与卫星精确定位和姿态控制技术。表 3-4 为 ALOS 卫星的基本参数和主要应用。

表 3-4　ALOS 影像技术参数和主要应用范围[108]

传感器	波段序号	波段范围/μm	波段名称	地面分辨率/m	主要应用范围
AVNIR-2	1	0.42~0.52	蓝色	10	主要用于陆地和沿海地区观测，为区域环境监测提供土地覆盖图和土地利用分类图
	2	0.52~0.60	绿色	10	
	3	0.61~0.69	红色	10	
	4	0.76~0.89	近红外	10	
PRISM	PAN	0.72~0.77	全色波段	2.5	立体观测，主要用于建立高精度数字高程模型
PALSAR	L 波段	270±14	微波	10~20	地表沉降监测

3.1.5　EROS-B 卫星遥感数据

EROS-B 卫星与 EROS-A 构成了高分辨率卫星星座。由于两颗卫星影像获取时间不同（EROS-A：10：30±15 分；EROS-B：14：00），EROS-B 的发射提高了目标影像的获取能力、获取频率和获取质量。EROS-B 数据与其他卫星数据融合，能同时发挥多光谱和分辨率高的优点，互为补充。EROS-B 卫星能在 500km 左右的高度获取 0.7m 分辨率的地表影像，可以根据需要在同一轨道上对不同区域成像，并具有单轨立体成像能力。EROS-B 卫星遥感影像具有高空间分辨率（0.7m），重访周期短（5 天）等特点，并且扩展了紧急需求下的数据获取可能性，因此被广泛应用于现时的快速制图、土地利用动态监测、国家安全、基础设施规划、灾害评估和环境监测等方面。EROS-B 技术参数和主要应用范围如表 3-5 所示。

表 3-5　EROS-B 技术参数和主要应用范围[109]

传感器	波段序号	波段范围/μm	波段名称	地面分辨率/m	主要应用范围
EROS-B	PAN	0.5~0.9	全色波段	0.7	主要用于快速制图、土地利用动态监测、国家安全、基础设施规划、灾害评估和环境监测等

3.1.6 煤矿区地表信息遥感提取的技术路线

图 3-1 为基于多源遥感影像的煤矿区地表信息提取的技术路线,其中影像融合是将单一传感器的多波段信息或不同类别传感器所提供的信息加以综合,采用一定算法将多元互补性信息有机结合,改善遥感信息提取的及时性和可靠性,提高对地物的识别与解译。

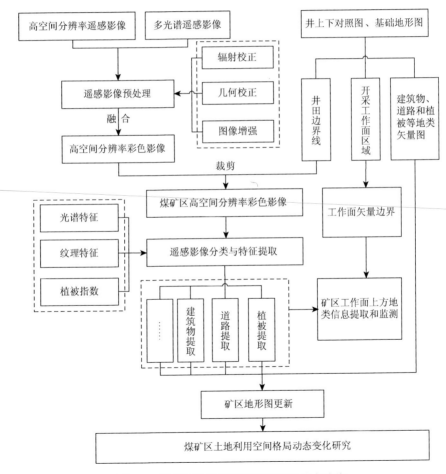

图 3-1 煤矿区地表信息遥感提取的技术路线

3.2　煤矿区影像融合方法的最优选取

根据应用目的的不同，遥感影像融合方法可以分为 3 种，即光谱信息保存型、空间信息保存型和色彩增强型。光谱信息保存型，主要针对数字分类应用，要求融合影像的颜色尽量与原始影像一致且单个地物内部灰度变化光滑，这对于基于光谱特征的分类识别非常重要。空间信息保存型，主要是对目视解译、专题制图和摄影测量而言的，对地物颜色的保真度要求较低，但地物的细节和影像的清晰度却极为重要。色彩增强型，主要是对可视化和 GIS 集成而言的。不同传感器遥感信息融合的关键问题：一是传感器的选择；二是融合前两幅图像的精确配准和融合方法的选择[110-111]。因此，矿区遥感数据融合时应针对不同区域或图像的特点，选择最优融合方法。

3.2.1　影像融合方法

1）Brovey 变换

Brovey 变换融合又称为比值变换融合，是为 RGB 图像显示进行多光谱波段颜色归一化。其特点是简化了图像转换过程的系数，最大限度地保留多光谱数据的信息[112-113]。Brovey 变换如下：

$$B_{i\_new} = [B_{i\_m} / (B_{r\_m} + B_{g\_m} + B_{b\_m})] \times PAN \qquad (3-1)$$

式中，B_{i_new} 代表融合后的波段数值（i=1，2，3），B_{i_m} 表示红、绿、蓝 3 波段中的任意一个；B_{r_m}、B_{g_m}、B_{b_m} 分别代表多波段影像中的红、绿、蓝波段数值；PAN 代表高分辨率遥感影像。$B_{i\_m} / (B_{r\_m} + B_{g\_m} + B_{b\_m})$ 体现了影像的光谱信息，PAN 体现了影像的空间信息。

2）Gram-Schmidt 变换

Gram-Schmidt 变换是线性代数和多元统计中常用的方法，通过对矩阵或多维影像正交变换消除冗余信息。Gram-Schmidt 变换能保持融合前后影像波谱信息的一致性，是一种高保真的遥感影像融合方法。它与 PCA 变换的区别在于：PCA 变换的第一分量 PC1 包含信息最多，而后面的分量信息依次减少；而 Gram-Schmidt 变换产生的各个分量只是正交，各分量信息量没有明显的多寡区别[114]。

Gram-Schmidt 变换融合的关键步骤如下。第一步,使用低分辨率多光谱波段模拟出低分辨率的全色波段。第二步,对模拟出的全色波段和多光谱波段进行 Gram-Schmidt 变换。第三步,使用高分辨率全色波段替换 Gram-Schmidt 变换后的第一波段,并对替换后的数据进行 Gram-Schmidt 反变换,生成空间分辨率增强的多光谱影像。

3)PCA 变换

主成分分析(PCA)是在统计特征基础上进行的一种多维正交线性变换,其目的是把多波段的影像信息压缩或综合在一幅图像上,并且各波段的信息所作的贡献最大限度地表现在新图像中[115]。

PCA 变换在进行影像融合中有两种方法。一种是参与法(将参与变换的各波段,包括高空间分辨率影像数据在内,统一进行 PCA 变换,再进行 PCA 逆变换)。另一种是替换法,也是目前 PCA 变换中最常用的方法。融合时,首先根据多光谱影像间的相关矩阵计算特征值和特征向量;其次,将特征向量按对应特征值从大到小排列得到各主成分影像;再次,将高空间分辨率影像进行拉伸至与第一主分量接近相同的均值和方差;最后,用拉伸影像代替第一主分量并与其他主成分进行 PCA 逆变换即可得到融合后的影像。

4)HSV 变换

图像处理中经常采用的彩色坐标系统有 RGB、HSV 和 HIS 等。虽然 RGB 有利于图像显示,但由于 R、G、B 三个分量高度相关,不适合图像分割和图像分析。而 HSV 空间中的 3 个分量 H、S、V 具有相对独立性,可分别对各分量进行控制,能够准确定量描述颜色特征[116]。

HSV 变换过程中首先将多光谱影像进行彩色变换,分离出色度(H)、饱和度(S)和亮度(V)分量;将高分辨率全色影像与分离的亮度分量进行直方图匹配;最后,将分离的色度和饱和度分量与匹配后的高分辨率影像按照 HSV 进行反变换和彩色合成。

3.2.2 融合质量评价[117-120]

融合是一种综合多源数据以获取更高质量数据和更多信息的技术,而这种"更高质量"依赖于具体应用。目前出现的对融合质量的评价方法一是目视判读,二是利用统计指标定量评价。

　　目视判读主要是通过视觉效果评价融合结果的清晰度和颜色信息等,这种评价方法主观性较强,在对多种结果进行对比或者由专业人士进行目视解译时可作为评价图像质量的参考,具有简单、直观的优点,对明显的图像信息可以进行快捷、方便的评价,在某些特定应用中是可行的。但是,视觉质量主要取决于观察者,当观测条件发生变化时,评定的结果可能有差异。定量评价主要通过统计指标衡量融合结果与原图像之间的相似性和差异,以此评价融合后影像是否能够保持原影像的空间信息和光谱信息。常用的统计指标包括均值、标准差、熵、平均梯度、偏差、差图像的标准差和相关系数。其中,均值和标准差是图像本身的统计特性,这些统计特性反映了遥感数据本身所固有的特征,在一些应用如建立遥感影像分类树中都起着不可或缺的作用。熵衡量影像所含信息量的大小。平均梯度反映影像的清晰度。其余指标反映融合结果与原多光谱影像之间的差异。国内外研究者在大量试验经验的基础上证实了这些指标的有效性,因此,这些定量指标被普遍用于定量评价融合后影像的质量。下面介绍各指标的定义和计算方法。

　　首先,假设影像大小为 $m \times n$,灰度范围是 $(0, 255)$,$M(x, y)$ 代表低分辨率的多光谱影像,$F(x, y)$ 代表融合得到的高空间分辨率的多光谱影像。

　　1)熵和联合熵

　　根据香农(Shannon)信息论原理,1 幅 8bit 影像 x 的熵为

$$H(x) = -\sum_{i=0}^{255} P_i \log_2 P_i \tag{3-2}$$

式中,P_i 为影像出现灰度值为 i 的像素的概率。

　　同理,2 幅、3 幅、4 幅影像的联合熵分别为

$$H(x_1, x_2) = -\sum_{i_1, i_2=0}^{255} P_{i_1 i_2} \log_2 P_{i_1 i_2}$$

$$H(x_1, x_2, x_3) = -\sum_{i_1, i_2, i_3=0}^{255} P_{i_1 i_2 i_3} \log_2 P_{i_1 i_2 i_3} \tag{3-3}$$

$$H(x_1, x_2, x_3, x_4) = -\sum_{i_1, i_2, i_3, i_4=0}^{255} P_{i_1 i_2 i_3 i_4} \log_2 P_{i_1 i_2 i_3 i_4}$$

式中，$P_{i_1i_2}$ 为影像 x_1 中像素灰度为 i_1 与影像 x_2 中同名像素灰度为 i_2 时的联合概率，$P_{i_1i_2i_3}$、$P_{i_1i_2i_3i_4}$ 亦类推。

一般来说，$H(x)$、$H(x_1,x_2)$、$H(x_1,x_2,x_3)$ 和 $H(x_1,x_2,x_3,x_4)$ 越大，影像（或影像集）所含的信息越丰富。因此，可用信息量来评价融合影像信息的增加程度。

2）平均梯度

平均梯度 g 的大小可敏感地反映影像表达微小细节反差的能力，其计算公式为

$$g = \frac{1}{(m-1)(n-1)} \sum_{i=1}^{(m-1)(n-1)} \sqrt{\left[\left(\frac{\Delta F_x(x,y)}{\Delta x}\right)^2 + \left(\frac{\Delta F_y(x,y)}{\Delta y}\right)^2\right] \bigg/ 2} \quad (3\text{-}4)$$

一般来说，g 越大，表明影像越清晰。因此，可以用来评价融合影像和原影像在微小细节表达能力上的差异。

3）偏差与相对偏差

偏差 D_1 是指原始影像 $M(x,y)$ 灰度平均值与融合后影像 $F(x,y)$ 灰度平均值之差。亦可以说是原始影像 $M(x,y)$ 灰度平均值与融合后影像 $F(x,y)$ 之差影像的灰度平均值，即

$$D_1 = \bar{M}(x,y) - \bar{F}(x,y) = \frac{1}{mn}\sum_{x=1}^{m}\sum_{y=1}^{n}[M(x,y) - F(x,y)] \quad (3\text{-}5)$$

式中，D_1 反映融合影像与原多光谱影像光谱特征变化的平均程度。理想情况下，$D_1 = 0$。此外，还可以用它反映地物覆盖类型融合后光谱变异的程度。

相对偏差是融合影像与原多光谱影像对应像素灰度值之差的绝对值同原光谱影像相应像素灰度之比的平均值，即

$$D_2 = \frac{1}{mn}\sum_{x=1}^{m}\sum_{y=1}^{n}\frac{\left|M(x,y) - F(x,y)\right|}{M(x,y)} \quad (3\text{-}6)$$

式中，D_2 的大小表示在融合影像与原多光谱影像的平均灰度值的相对差异，可反映出融合方法将高空间分辨率影像的细节传递给融合影像的能力。

4）差方差

差方差是融合影像的方差与相应原多光谱影像的方差之差，即

$$D_3 = \sigma_F^2 - \sigma_M^2 \qquad (3\text{-}7)$$

式中，一般 $D_3 \geqslant 0$，D_3 表示融合影像空间分辨率增强时增加的信息程度。与信息量具有相同的含义。由于它同时包含光谱值的变化和空间信息的增加程度，所以具有模糊性。D_3 只是在一定意义上反映融合影像空间信息的增加程度。

5）相关系数 ρ

$$\rho = \frac{\displaystyle\sum_{x=1}^{m}\sum_{y=1}^{n}[M(x,y) - \bar{M}(x,y)][F(x,y) - \bar{F}(x,y)]}{\sqrt{\displaystyle\sum_{x=1}^{m}\sum_{y=1}^{n}[M(x,y) - \bar{M}(x,y)]^2 \sum_{x=1}^{m}\sum_{y=1}^{n}[F(x,y) - \bar{F}(x,y)]^2}} \qquad (3\text{-}8)$$

融合的影像与相应的多光谱影像的相关系数 ρ 能反映融合影像同原多光谱影像光谱特征的相似程度，亦即保光谱特性能力。采用分量替换融合法进行融合时，高分辨率影像和被替换分量影像相关系数的大小决定了融合影像光谱特征保持程度，它是衡量分量替换融合法保光谱特性能力的因子。融合影像与高分辨率影像的相关系数则能反映融合影像空间分辨率的改善程度。

6）标准偏差 σ

融合影像与相应多光谱影像的差影像的标准偏差 σ 的计算公式为

$$\sigma = \sqrt{\frac{1}{mn}\sum_{x=1}^{m}\sum_{y=1}^{n}[M(x,y) - F(x,y)]^2} \qquad (3\text{-}9)$$

σ 能反映融合影像上某一区域像素值是否以同样方式变化，及其变化强度。

3.3 煤矿区遥感影像的融合与精度评价

3.3.1 钱营孜煤矿试验区

钱营孜煤矿位于宿州市西南，其中心位置距宿州市约 15km，行政区划隶属宿州市和淮北市濉溪县，地理坐标为东经 116°51′00″～117°00′00″ 和北纬 33°27′00″～33°32′30″，面积为 74.15km^2，井田地质储量 5.45 亿吨，可采储量 2.18 亿吨。矿区内有南坪集至宿州市的公路和四通八达的支线与任楼、许疃、临涣、童亭、桃园等矿井相连，青疃—芦岭矿区铁路支线向东与京沪线、向西与濉阜线沟通，合徐高速公路从矿区东北部穿过，交通十分便利，区域内水系发育，浍河横贯其中，如图3-2所示。

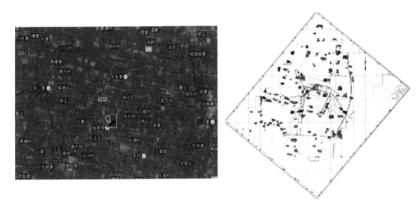

图 3-2　钱营孜矿区地理位置示意图

1）地层、地质构造

钱营孜煤矿采区内为新生界松散层，下伏地层自下而上为石炭系、二叠系和第三、四系沉积层。总体岩层为上部砂层多、含水丰富，有大量流砂层，下部为半固结状黏土。煤矿总体构造形态为一较宽缓的向南部仰起的向斜，地层产状一般较为平缓，沿走向和倾向有一定的起伏变化，地层倾角一般为5°～30°，次级褶曲局部较为发育；断层较为发育，有包括南坪断层在内的多个断层发育，但断层组合的规律性较强；岩浆岩在本矿中下部煤层侵入，使得可采煤层和煤层结构受到一定影响。

2）煤层

钱营孜煤矿位于淮北煤田的南部，含煤岩系沉积环境稳定，地层厚度、煤层间距和煤层厚度都具有一定的稳定性。采区主要含煤地层为二叠系，煤系地层岩性大多胶结良好。

煤层直接顶、底板以泥岩为主，特别是顶、底板为炭质泥岩和含炭泥岩，厚度小，岩石力学指标相对较低，多属软岩，稳定性差。粉砂岩和砂泥岩互层属中等坚硬岩类，细砂岩、中砂岩胶结良好，岩石坚硬致密，抗压强度高，稳定性好，工程地质条件良好。采区浅部基岩风化带岩心不完整，断层带岩石破碎，均属软弱结构面。综上所述，采区工程地质条件为中等类型。

3）矿区开采状况

2007 年 12 月，钱营孜煤矿矿井建设规模为 180 万吨/年，服务年限 80 余年，2010 年投产。根据从钱营孜煤矿矿区井上下对照图可知，现阶段采区规划了 3 个工作面，如图 3-3 所示，处于开采中的仅为 3212 工作面，该工作面开切线在工作面北部，开采中的部分也分布在北部。

图 3-3　钱营孜矿区工作面布设

3.3.2　钱营孜煤矿影像融合试验

本次遥感影像融合选取皖北钱营孜矿区及其附近区域高分辨率 EROS-B 全色影像（0.7m）、SPOT 影像（2.5m）和 ALOS 多光谱影像（10m），分别选择 Borvey、Gram-Schmidt、PCA 和 HSV 融合方案，融合试验结果如图 3-4 和图 3-5 所示。

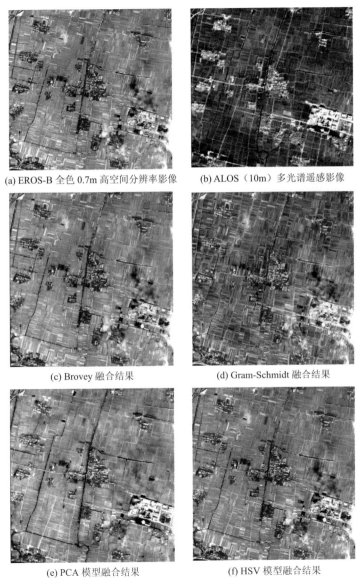

(a) EROS-B 全色 0.7m 高空间分辨率影像　　(b) ALOS（10m）多光谱遥感影像

(c) Brovey 融合结果　　(d) Gram-Schmidt 融合结果

(e) PCA 模型融合结果　　(f) HSV 模型融合结果

图 3-4　EROS-B 与 ALOS 影像不同融合结果对比

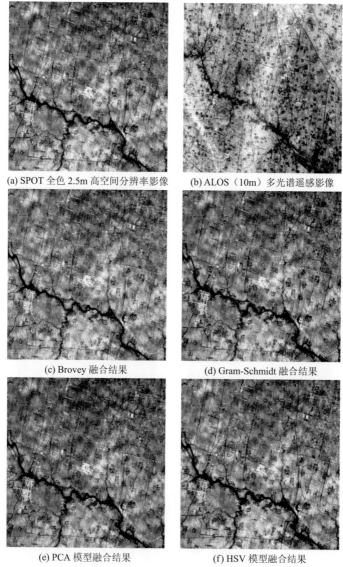

(a) SPOT 全色 2.5m 高空间分辨率影像　　　(b) ALOS（10m）多光谱遥感影像

(c) Brovey 融合结果　　　　　　　(d) Gram-Schmidt 融合结果

(e) PCA 模型融合结果　　　　　　　(f) HSV 模型融合结果

图 3-5　SPOT 与 ALOS 影像不同融合结果对比

3.3.3　客观定量评价

利用 IDL 数据交互式语言对定量评价公式进行编程，融合后的影像统计熵、偏差和相关系数 3 个定量指标值如表 3-6 和表 3-7 所示。

表 3-6　ALOS+321 与 EROS-B 全色波段（Pan）不同融合算法精度评价指标值

影像	波段	熵	偏差	与对应波段的相关系数	与全色影像的相关系数
ALOS	3	4.423	0	1	—
	2	3.667	0	1	—
	1	3.201	0	1	—
Brovey 变换融合	3	4.131	−117.149	0.429	0.878
	2	4.221	−136.663	0.161	0.955
	1	4.578	−137.461	0.004	0.923
Gram-Schmidt 变换融合	3	4.571	0.317	0.538	0.700
	2	4.102	0.224	0.360	0.855
	1	3.901	0.421	0.421	0.776
PCA 变换融合	3	4.607	−0.775	0.508	0.772
	2	4.079	−0.474	0.715	0.643
	1	3.743	−0.228	0.715	0.591
HSV 变换融合	3	4.461	0.063	0.404	0.875
	2	4.565	−1.829	0.255	0.941
	1	4.388	−3.591	0.088	0.965
EROS-B	Pan	5.940	0	—	1

表 3-7　ALOS+321 与 SPOT 全色波段（Pan）不同融合算法精度评价指标值

影像	波段	熵	偏差	与对应波段的相关系数	与全色影像的相关系数
ALOS	3	6.259	0	1	—
	2	5.481	0	1	—
	1	4.877	0	1	—

续表

影像	波段	熵	偏差	与对应波段的相关系数	与全色影像的相关系数
Brovey 变换融合	3	4.475	97.313	0.408	0.976
	2	3.504	96.391	0.398	0.981
	1	2.636	109.851	0.593	0.791
Gram-Schmidt 变 换融合	3	6.328	0.013	0.454	0.950
	2	5.451	0.003	0.407	0.976
	1	4.807	0.003	0.583	0.807
PCA 变换融合	3	6.280	0.020	0.404	0.988
	2	5.409	0.001	0.415	0.974
	1	4.801	0.000	0.636	0.766
HSV 变换融合	3	5.942	84.481	0.648	0.942
	2	5.755	83.938	0.484	0.988
	1	5.414	95.842	0.287	0.998
SPOT	Pan	5.232	0	—	1

　　熵 $H(X)$ 反映了影像信息丰富的程度，融合影像的信息熵越大，表明融合影像的信息量增加，所含的信息越丰富，融合质量越好。4 种融合方法中，Brovey 变换后第三波段（红色波段）的熵值有所降低，而其他 3 种方法变换后的影像熵值和 Brovey 变换后另外两个波段基本上都不同程度地增大了，特别是 HSV 变换后影像的熵增加最明显。

　　偏差 D 可以反映融合影像相对于原始多光谱影像光谱畸变的程度。PCA 变换和 Gram-Schmidt 变换后的影像光谱畸变很小，而 Brovey 变换和 HSV 变换后的影像光谱畸变都很大。

　　就相关系数 ρ 而言，PCA 变换和 Gram-Schmidt 变换后的多光谱影像与原对应波段影像相关系数，以及和全色影像的相关系数都高于 Brovey 变换和 HSV 变换后的影像。这说明 PCA 和 Gram-Schmidt 变换后影像对原多光谱影像的光谱特征和全色影像的分辨率特征继承效果好于 Brovey 变换和 HSV 变换后的影像。

　　通过 4 种融合算法变换后的影像和统计对比可以发现，PCA 变换和

Gram-Schmidt 变换后影像质量最好,而 Brovey 变换和 HSV 变换后影像质量较差,尤其是 Brovey 变换后影像光谱畸变很严重。再对比 PCA 变换和 Gram-Schmidt 变换后影像质量的评价指标,两种变换的偏差 D 统计值相差不大,而在相关系数 ρ 和熵 $H(X)$ 指标上,Gram-Schmidt 变换总体高于 PCA 变换。这说明 Gram-Schmidt 变换后影像信息量比 PCA 丰富,且多光谱影像的光谱特征和全色影像的分辨率特征继承性比 PCA 要好。综合上述评价结果,4 种影像融合算法中 Gram-Schmidt 变换效果最好。

3.4　基于多源遥感的地形图更新方法与精度分析

3.4.1　高分辨率遥感影像解译判读

利用高分辨率遥感影像识别地物的性质、类型或状况,主要从色、形、位 3 方面体现,最后通过基础地理数据加以佐证。

1)色

色是指地物电磁辐射能量在影像上的模拟,记录在黑白相片上表现为灰阶,在彩色相片上表现为色别与色阶。采矿活动会使植被和土壤剥离,岩石直接裸露,并且形成塌陷地,与周围地物反差比较大。在遥感影像上,通过色调就能较准确地识别该地类类别的区域。

2)形

形是指目标地物在遥感影像上的形状、纹理和大小。影像的形状指物体的一般形式或轮廓在影像上的反映。各种物体都具有一定的形状和特有的辐射特征,同种物体在影像上具有相同的灰度特征。这些灰度的像元在影像上的分布就构成与物体相似的形状。矿区各种地物类型可根据纹理加以区分,另外,还可借助 Google Earth 上的高分辨率影像和地面小比例尺的地形图帮助来判读解译。

3)位

位是指目标地物在遥感影像上的空间位置,即地物所处的环境部位。各种地物都有特定的环境部位,因此它是判别遥感影像上地物属性的重要标志。

4）地形图数据

用于解译的地形图数据主要是居民点。由于居民点在影像上的色调和矿区开采点比较相似，在低分辨率影像中难以区分居民点和开采点，需要在高空间分辨率影像上叠加已有数字线划图中的居民点数据信息从而增强解译能力。

针对钱营孜矿区 EROS-B、SPOT5 和 ALOS 融合后影像特征，结合钱营孜矿区的区域特点，采用目视判译和遥感应用处理相结合的方法，对钱营孜矿区的建筑物、道路和植被信息进行解译和提取。根据矿区高空间分辨率影像的具体特点，从各地物的形状、大小、纹理、位置和相关布局等综合考虑，总结出了各地类解译标志特点如表 3-8 所示。

表3-8 遥感影像各地类解译标志特征表

地类类型	主要类型	影像	解译标志
建筑和道路	工业建筑		
	乡村居民地		建筑物在影像上呈由若干小的矩形（屋顶形状）紧密相连在一起的成片图形。由于阴影的存在，居民地更易判别。居民地色调一般呈灰或灰白。具有比较规准的纹理和规则的几何形状
	城镇居民地		
	公路		道路在影像上呈细而长的条状。色调由白到黑，随路面的湿度和光滑程度不同而变化。一般湿度小、光滑，则色调浅，反之深暗 铁路一般呈浅灰色或灰黑色的线状图形，转弯处圆滑或为弧形，且一般与其他道路直角相交

续表

地类类型	主要类型	影像	解译标志
建筑和道路	铁路		公路一般为白色或浅灰色的带状,两侧一般有树和道沟,呈较暗的线条;土路一般呈浅灰色的线条,边缘不太清晰;小路成曲折的细线条状,浅灰色
	乡村公路		
	田间小路		
耕地和林地	耕地		平坦的农田耕地有明显的几何形状、面积较大,周围有道路与居民点相连。农田灌溉时较暗,不灌溉时较浅。旱地具有规则的几何形状,纹理平滑细腻,作物生长良好的地块为均匀平滑的绿色,其边界多有路、渠、田间防护林网等
	林地		林地在影像上一般为界线轮廓较明显、色调呈暗色、主要呈现出颗粒状图案,较容易判别
水体	主要水体		水体在影像上由于在全色波段的反射率低,故色调呈黑色,连续性较强,容易判别
	次要水体		

3.4.2　地形图更新方法

地形图更新是利用融合后高分辨率遥感影像对原有数字线划图配准后,判读各种地物的变化位置,根据地物的变化以屏幕数字化方法采集地物特征点,对地物进行修测和补测,采用人机交互的方式完成内业地物更新。内业更新完成后需要进行外业调绘,实地勘察编辑后形成现势的地形图,利用遥感影像更新地形图的技术路线如图 3-6 所示。

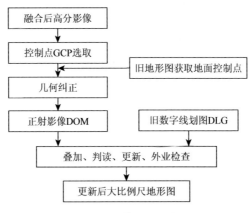

图 3-6　地形图更新技术流程

3.4.3　几何校正

利用多源遥感影像融合后数据更新矿区地形图是获取矿区基础地理信息重要的方式,国内外学者往往选择影像几何纠正过程中同名控制点的点位中误差作为能否达到符合大比例尺地形图的更新要求。

几何校正是为了消除由传感器、大气折射、地球曲率和地形起伏等因素引起的影像几何畸变。通常采用多项式纠正模型对遥感影像进行几何校正,包括选取地面控制点(ground control point,GCP)、建立多项式纠正模型和重采样。具体关键步骤如下。

(1)选取地形图中的控制点和道路交叉口等明显标志点作为影像校

正的地面控制点。为了使地面控制点均匀分布在整幅影像范围内,将整幅影像划分为 3×3 个网格,每个网格内选取 2 或 3 个地面控制点,以提高影像校正的精度,使误差均匀分布。

（2）地面控制点确定好后,利用二次或三次多项式建立数学校正模型如下:

$$\begin{cases} x = a_0 + a_1 X + a_2 Y + a_3 XY + a_4 X^2 + a_5 Y^2 + \cdots \\ y = b_0 + b_1 X + b_2 Y + b_3 XY + b_4 X^2 + b_5 Y^2 + \cdots \end{cases} \tag{3-10}$$

式中, (x, y) 代表图像坐标, (X, Y) 代表地面坐标。

利用最小二乘回归求出多项式系数,然后利用下式计算每个 GCP 的均方根误差（RMS）:

$$RMS = \sqrt{(x' - x)^2 + (y' - y)^2} \tag{3-11}$$

式中, (x', y') 代表多项式计算出的 GCP 的图像坐标。

RMS 需小于 0.5 像素才能符合精度要求。然后利用纠正模型重新计算图像各像素的校正坐标。

（3）常用的重采样方法有最邻近法、双线性内插法和三次卷积法。为了达到较好的采样效果且运算量不是很大,一般采用双线性内插法进行影像重采样。

选取钱营孜矿区遥感影像均匀分布的 20 个地面控制点,采用二次多项式校正模型对影像纠正,纠正后各 GCP 的 RMS 如表 3-9 所示,总体 RMS 为 0.41 像素。为更加科学、合理、可靠地评定精度,在研究区选择 20 处地物点作为外业检核点,对几何校正后的影像进行精度评定,评定结果如表 3-10 所示。

表 3-9　各 GCP 点的 RMS 统计结果　　　　（单位：像素）

GCP	X 误差	Y 误差	RMS	GCP	X 误差	Y 误差	RMS
1	−0.03	−0.38	0.38	4	0.06	−0.03	0.07
2	0.32	−0.10	0.34	5	0.10	0.02	0.10
3	0.11	−0.02	0.11	6	−0.10	−0.22	0.24

GCP	X 误差	Y 误差	RMS	GCP	X 误差	Y 误差	RMS
7	−0.22	−0.43	0.48	14	0.24	0.27	0.36
8	−0.42	−0.01	0.42	15	−0.37	0.15	0.40
9	0.77	−0.29	0.82	16	0.08	0.16	0.18
10	−0.69	−0.16	0.71	17	−0.01	0.39	0.39
11	−0.48	0.10	0.49	18	0.52	−0.02	0.53
12	−0.17	0.43	0.46	19	−0.21	0.13	0.25
13	0.06	−0.21	0.22	20	0.41	0.21	0.46

表 3-10　地物检核点精度统计表

检查点	坐标差 Δx_i	坐标差 Δy_i	ΔP_i	检查点	坐标差 Δx_i	坐标差 Δy_i	ΔP_i
1	1.222	0.185	1.236	11	−0.523	0.316	0.611
2	0.776	1.468	1.660	12	0.619	−1.017	1.191
3	0.966	−0.453	1.067	13	0.372	0.961	1.030
4	1.223	0.289	1.257	14	−0.273	−1.246	1.276
5	−0.762	0.135	0.774	15	−0.566	−0.915	1.076
6	−1.182	−0.355	1.234	16	−0.623	−1.036	1.209
7	−1.411	−0.143	1.418	17	0.877	−1.322	1.586
8	−0.117	−0.385	0.402	18	0.991	1.268	1.609
9	1.035	0.224	1.059	19	−0.785	0.936	1.222
10	−0.325	0.623	0.703	20	1.253	−1.197	1.733

注：$\Delta P_i = \sqrt{\Delta x_i^2 + \Delta y_i^2}$，单位为 m

所有地物检核点的 x 方向和 y 方向中误差 m_x、m_y 以及点位中误差 m 为

$$m_x = \pm\sqrt{\frac{1}{n}\sum_{i=1}^{i=n}\Delta x_i^2}, \quad m_y = \pm\sqrt{\frac{1}{n}\sum_{i=1}^{i=n}\Delta y_i^2}, \quad m = \pm\sqrt{m_x^2 + m_y^2} = \pm\sqrt{\frac{1}{n}\sum_{i=1}^{i=n}\Delta P_i^2}$$

(3-12)

计算得 $m_x = \pm 0.872\text{m}$，$m_y = \pm 0.849\text{m}$，$m = \pm 1.217\text{m}$。

地物检核点的坐标误差由更新地形图上的误差 m_2 和实地测得的同名点坐标误差 m_2 两部分组成，则

$$m^2 = m_1^2 + m_2^2$$

这两部分误差认为是等精度的，则有

$$m_1 = \frac{m}{\sqrt{2}} = \pm 0.861\text{m}$$

由于 1：2000 地形图图上单点定位绝对精度的要求为±1.0m，所以此项精度指标表明已经达到了 1：2000 地形图的更新精度要求，满足管理层了解矿区地面变化现状的要求。

3.5　基于遥感的煤矿土地利用空间格局动态变化信息获取及分析

3.5.1　研究区概况

神东矿区位于榆林市神木县北部，府谷县西部，伊克昭盟的伊金霍洛旗和鄂尔多斯市的南部，其地理坐标为东经 109°51′～110°46′、北纬 38°52′～39°41′。矿区南北长为 38～90km，东西宽为 35～55km，面积约为 3481km^2，地质储量为 354 亿吨。由于地处半干旱地区，矿区原本人口稀少，但由于近几十年的煤炭资源开发，矿、厂、附属单位和居民点逐渐增加，当地已经形成人口相对较多的新兴工业化地带，地理位置如图 3-7 所示。

矿区地处鄂尔多斯高原的毛乌素沙漠区，地表为流动沙和半固定沙所覆盖，最厚可达 20～50m。平均海拔为+1200m 左右，属典型的半干旱、半沙漠的高原大陆性气候。区内不少地区气候干燥，年降雨量平均为 194.7～531.6mm，年蒸发量为 2297.4～2838.7mm。区内地表水系不发达，主要有乌兰木伦河（窟野河）贯穿全区，植被稀少。

由于地形地貌的原因，降水大部分形成地表径流而流失，不利于地下水的补给渗入，渗入岩土层的不足 15%。地形切割强烈，沟谷纵横，大气降水多沿沟谷以地表水的形式排泄，地下水径流速度缓慢；由于构造简单，岩层产状平缓，构造裂隙不发育，不利于地下水的储集；本区水文地质条件的基本特点是地下水较贫乏，总量相对较少，但往往在局部富集，对煤层开采构成威胁。矿区西北为库布其沙漠，多为流沙、沙垄，植被稀疏；中部为群湖高平原，地势波状起伏，较低地带多有湖泊分布，湖泊边缘生长着茂密的天然柳林；西南部为毛乌素沙漠，地势低平，由沙丘、沙垄组成，沙丘间分布有众多湖泊，植被茂密；东北部为土石丘陵沟壑区，地表土层薄；总体地形是西北高，东南低。

图 3-7   神东矿区地理位置图

3.5.2   神东矿区土地利用空间格局动态变化信息遥感获取方法

1. 最佳波段选择

为了解神东矿区土地利用类型及其变化情况，收集该区域 2002 年 TM 影像、2006 年 ETM 影像和 2009 年 CBERS 影像。根据美国查维茨教授提出的最佳指数公式（式（3-13））可实现波段最优化选择。

$$\mathrm{OIF} = \sum_{i=1}^{3} S_i \Big/ \sum_{i=1}^{3} |R_{ij}| \qquad (3\text{-}13)$$

式中，S_i 为第 i 波段的标准差，R_{ij} 表示两个波段的相关系数。OIF 值越大，波段组合越优。通过计算，各遥感影像的波段最佳组合列入表 3-11。

表 3-11　影像波段最佳组合

遥感影像	2002 年 TM	2006 年 ETM	2009 年 CBERS
波段最佳组合	7-3-1	7-4-2	3-2-1

2. 支持向量机分类

支持向量机（support vector machines，SVM）是由 Vapnik 和他的合作者提出来的一种新的机器学习算法，克服了人工神经网络方法如何确定网络结构的问题、过学习与欠学习问题、局部极小点问题等。SVM 的理论基础是基于小样本情况下机器学习规律的统计学习理论，以结构风险最小化为准则，在解决小样本、非线性和高维模式识别问题中具有突出优势。在遥感图像的分类研究中应用 SVM 最大的优点是进行分类时不需要进行数据降维，并且在算法的收敛性、训练速度和分类精度等方面都具有较高的性能[121-122]。

根据神东矿区概况，把其土地利用类型分为水体、牧草地、灌木林地、建筑用地、荒漠和盐碱地、裸岩和未利用地六类。通过样本选择确定各土地类型，计算其分类样本分离性能够达到 1.8 以上，运用 SVM 进行各年神东矿区的土地利用分类。

主要步骤如下：①遥感影像辐射校正和几何校正等；②遥感影像的图层合并与裁剪，重采样；③依据最佳波段组合选取样本；④运用 SVM 进行遥感影像分类，对分类图进行矢量图层输出，生成土地利用/覆盖变化类型分布图，统计各土地利用类型的面积；⑤分析神东矿区土地利用空间格局变化规律。图 3-8、图 3-9 和图 3-10 为各年 SVM 分类结果。

图 3-8　2002 年神东矿区土地利用分类情况

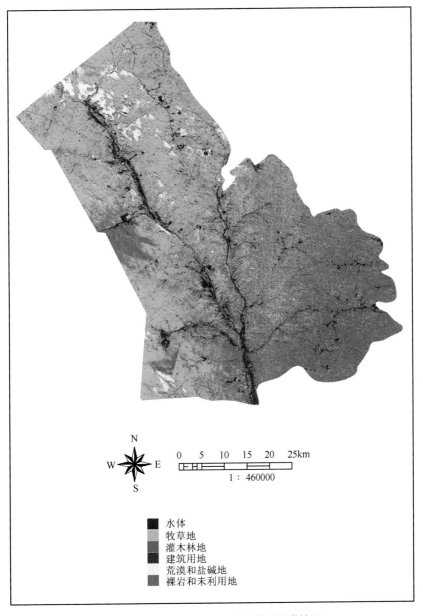

图 3-9 2006 年神东矿区土地利用分类情况

图 3-10 2009 年神东矿区土地利用分类情况

3.5.3 神东矿区土地利用空间格局动态变化遥感信息分析

通过 SVM 分类后统计像元面积从而得到 2002～2009 年 8 年间的各土地利用类型现状情况（表 3-12 和图 3-11）。通过 2002 年、2006 年和 2009 年土地利用现状，可得其百分比转移矩阵，如表 3-13 和表 3-14 所示。

表 3-12 2002～2009 年神东矿区土地利用现状表

时间变化情况 类型	2002 年		2006 年		2009 年		2002～2006 年面积变化	2006～2009 年面积变化	2002～2009 年面积变化
	面积/km²	比例/%	面积/km²	比例/%	面积/km²	比例/%			
水体	3681.63	1.04	3909.42	1.11	7012.5	1.9	227.79	3103.08	3330.87
牧草地	81214.11	22.95	145490.9	41.11	127284.2	35.9	64276.79	−18206.7	46070.09
灌木林地	91086.84	25.74	55427.04	15.65	132716.4	37.6	−35659.8	77289.36	41629.56
建筑用地	7074.99	1.99	10213.38	2.89	18819.33	5.32	3138.39	8605.95	11744.34
荒漠和盐碱地	15305.76	4.33	16500.24	4.66	15834.5	4.48	1194.48	−665.74	528.74
裸岩和未利用地	155556.5	43.95	122378.85	34.58	52252.9	14.8	−33177.65	−70126	−103304
总计	353919.83	100	353919.83	100	353919.83	100	0	0	0

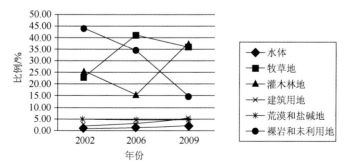

图 3-11 2002～2009 年各土地类型变化情况

表 3-13　2002～2006 年土地利用转移矩阵表　（单位：%）

年份	2002						
2006	利用类型	水体	牧草地	建筑用地	灌木林地	荒漠和盐碱地	裸岩和未利用地
	水体	40.309	0.035	0.788	3.146	0.093	0.925
	牧草地	2.513	72.403	41.43	20.197	3.742	30.024
	建筑用地	6.566	8.33	40.607	4.128	0.139	7.09
	灌木林地	30.494	0.513	1.36	16.524	1.718	3.852
	荒漠和盐碱地	3.958	0.443	0.252	1.972	62.522	3.864
	裸岩和未利用地	16.051	18.144	15.475	53.94	31.564	54.101

表 3-14　2006～2009 年土地利用转移矩阵表　（单位：%）

年份	2006						
2009	利用类型	水体	牧草地	建筑用地	灌木林地	荒漠和盐碱地	裸岩和未利用地
	水体	2.389	1.695	3.250	2.246	2.045	2.095
	牧草地	28.340	39.580	33.917	23.542	47.266	36.083
	建筑用地	6.434	4.573	7.246	5.547	5.973	5.807
	灌木林地	44.027	35.623	36.892	52.605	14.675	35.753
	荒漠和盐碱地	7.11	4.086	7.107	2.358	13.715	4.329
	裸岩和未利用地	11.642	14.376	11.533	13.600	16.294	15.878

对神东矿区地理概况进行分析，将神东矿区主要分为水体、牧草地、灌木林地、建筑用地、荒漠和盐碱地、裸岩和未利用地六大类。通过遥感影像分类获得 2002～2009 年神东矿区的土地利用情况，由结果可得出如下内容。

（1）2002～2006 年，水体面积增加了 227.79km^2，草地主要以牧草为主，面积增加了 64276.79km^2，灌木林地减少了 35659.80km^2，建筑用地增加了 3138.39km², 荒漠和盐碱地增加了 1194.48km², 裸岩和未利用地面积缩小了 33177.65km²; 2006～2009 年, 水体面积增加了 3103.08km², 草地主要以牧草为主, 面积减少了 18206.7km², 灌木林地增加了 77289.36km², 建筑用地增加了 8605.95km², 荒漠和盐碱地减少了 665.74km², 裸岩和未利用地面积缩小了 70126km²。因此, 从分类面积统计情况来看, 神东矿区土地利用变化格局变化较大, 生态环境系统极不稳定。

（2）神东矿区处于半干旱、半沙漠的高原大陆性气候区域, 水体蒸发量较大。从 2002～2006 年这 4 年间来看, 水体面积都保持为总面积的 10%, 未发生较大的变化。2006～2009 年水体面积进一步增加, 从空间分布来看, 增加了许多水洼地, 但是河流水域的宽度明显变小, 有的地方甚至出现断流, 另外, 水体面积随降雨量的多少变化影响也很大。

（3）从植被覆盖来看, 主要包括草地与林地, 2002～2006 年植被覆盖率从 48.69%增加到 56.76%。植被覆盖的结构有所改变, 林地面积在急剧减少, 而草地面积逐渐增加, 牧草较适应神东的气候环境, 易于生长繁殖, 而林地遭破坏恢复较难。2006～2009 年植被覆盖率进一步扩大, 由 56.76%增加到 73.5%, 但植被覆盖的结构发生极大改变, 林地面积在急剧增加, 而草地面积逐渐减少。这都在一定程度上说明了神东矿区生态环境的不稳定性。

（4）从神东矿区整个土地利用格局来看, 荒漠和盐碱地、裸岩和未利用地占到神东矿区总面积的近半, 2002 年占 48.28%, 2006 年占 39.24%。从时间上来看, 面积减小, 减少的这部分面积主要转换成了草地面积。2009 年 4 类地占 19.28%, 裸岩和未利用地逐渐减少, 主要由未利用地转变成建筑用地以及裸岩慢慢被灌木林地覆盖所致。

（5）神东矿区的建筑面积正在逐步增加, 因为神东矿区随着煤炭资源的开采, 建立了很多新的工矿企业, 配套的基础设施也随之而来, 所以建筑面积增长较快, 建筑用地主要集中于河流两旁, 对河流影响较大。

（6）从 2002～2006 年土地利用转移矩阵来看, 土地利用的结构发生了比较大的改变, 水体未发生改变的面积占其总面积的 40.309%, 草地为 74.203%,建筑用地为 40.607%,而林地(主要为灌木林)只有 16.524%,荒漠和盐碱地、裸岩和未利用地分别为 62.522% 和 54.101%;从 2006~2009 年土地利用转移矩阵来看,水体未发生改变的面积仅占到其总面积的 2.389%,草地为 39.580%,建筑用地为 7.426%,而林地(主要为灌木林)只有 52.605%,荒漠和盐碱地、裸岩和未利用地分别为 13.715% 和 15.878%。可以看出,各种土地利用类型除建筑用地外都发生了极大的结构变化,说明外在影响(主要指煤炭开采)介入以及人类其他活动的影响对神东矿区的生态环境还是具有较大的影响力的,让其脆弱的生态环境更加不稳定。

3.6　本章小结

本章研究了基于多源、多时相、多尺度遥感数据的煤矿区"地上一张图"融合处理与精度评价方法,分析了基于高分辨率遥感影像更新矿区 1:2000 大比例尺地形图的可行性,探讨了矿产开发扰动下的矿区土地利用/覆盖的空间格局分类与动态变化信息遥感获取技术,通过皖北钱营孜煤矿、神东煤矿多源遥感数据的集成应用,解决了煤矿区"一张图"地表信息的及时获取与更新。

第4章 煤矿区"一张图"建设中的地表沉降信息 D-InSAR 获取

煤炭开采形成的地表沉陷是煤矿区主要的环境地质灾害，也是煤矿区"一张图"必须要反映的内容。合成孔径雷达差分干涉测量（differential interferometric synthetic aperture radar，D-InSAR）技术可以高精度获取地表的微小地形变化信息，具有全天候、全天时、覆盖面广、高度自动化和高精度的优点，在大面积、短周期沉陷区地表沉降信息获取中优势明显，是极具潜力的煤矿区"一张图"地表沉降信息获取技术。本章在叙述 InSAR 基本原理和 D-InSAR 形变原理基础上，结合安徽省皖北煤电公司钱营孜矿，讨论煤矿区地表沉降信息 D-InSAR 获取问题，结合山西省大同煤矿集团云岗煤矿 D-InSAR 获取的地表沉降数据，分析地表沉降时空演化规律。

4.1 InSAR 基本原理[123-128]

InSAR 技术是 D-InSAR 技术的基础，而 D-InSAR 一般是重复轨道干涉测量模式，即只要求在雷达卫星上安装一副天线，通过不同时间段在相同的轨道对同一地区进行成像，从而实现干涉测量。该种模式对时间间隔有较高要求，如果时间间隔过长，影像会失去相干性，无法获取干涉信息。对于多数重复轨道干涉测量，轨道并不是完全重合的，存在一定的差异，因此干涉相位既包含视线向位移信息，又包含地形信息。下面以重复轨道干涉测量为例来阐述 InSAR 技术的基本原理。

如图 4-1 所示，A_1 和 A_2 分别表示雷达卫星两次通过同一地面位置时两副天线的位置，B 表示两天线之间的基线距，α 为基线与水平方向的夹角，H 为卫星飞行轨道高度，Z 为地面点 p 的高程，R 和 $R+\Delta R$ 分别为雷达系统两次成像时天线中心到地物点 p 的斜距。两副天线 A_1 和 A_2 接收的地物反射信号 s_1 和 s_2 分别为

$$s_1(R) = u_1(R)\exp\left[i\phi(R)\right] \tag{4-1}$$

$$s_2(R + \Delta R) = u_2(R + \Delta R)\exp\left[i\phi(R + \Delta R)\right] \tag{4-2}$$

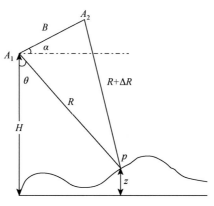

图 4-1　InSAR 原理图

由于入射角具有差异，需要对两幅不完全重合的 SAR 图像进行精配准，配准后的图像复共轭相乘就得到了复干涉图，其公式如下：

$$s_1(R)s_2^*(R + \Delta R) = |s_1 s_2^*|\exp\left[i(\phi_1 - \phi_2)\right] = |s_1 s_2^*|\exp\left(-i\frac{4\pi}{\lambda}\Delta R\right) \tag{4-3}$$

两副天线 A_1 和 A_2 接收到的信号相位为

$$\phi_1 = 2\frac{2\pi}{\lambda}R + \arg\{u_1\} \tag{4-4}$$

$$\phi_2 = 2\frac{2\pi}{\lambda}(R + \Delta R) + \arg\{u_2\} \tag{4-5}$$

式中，$\arg\{u_1\}$ 和 $\arg\{u_2\}$ 分别表示不同散射特性造成的随机相位。假设两幅图像中随机相位的贡献相同，即 $\arg\{u_1\} = \arg\{u_2\}$，则干涉图的相位可表示为

$$\phi = -\frac{4\pi}{\lambda}\Delta R + 2\pi N, \qquad N = 0, \pm 1, \pm 2, \cdots \tag{4-6}$$

由式（4-6）可知，相位具有周期性，在实际处理中得到的只是相位主值，必须经过相位解缠才能确定 N 的值，进而得到真实相位。由图 4-1 可得

$$\sin(\theta - \alpha) = \frac{(R + \Delta R)^2 - R^2 - B^2}{2RB} \tag{4-7}$$

$$z = H - R\cos\theta \tag{4-8}$$

忽略 $(\Delta R)^2$ 项，可得

$$\Delta R \approx B\sin(\theta - \alpha) + \frac{B^2}{2R} \tag{4-9}$$

由于在星载 SAR 系统中，$B \ll R$，式（4-9）中右边第二项非常小，可忽略不计，所以可对式（4-9）进行近似处理，则有

$$\Delta R \approx B\sin(\theta - \alpha) \tag{4-10}$$

将基线沿视线方向进行分解为平行于视线向分量 $B_{//}$ 和垂直于视线向分量 $B_\perp$，有

$$B_{//} = B\sin(\theta - \alpha) \tag{4-11}$$

$$B_\perp = B\cos(\theta - \alpha) \tag{4-12}$$

则式（4-10）表示为

$$\Delta R \approx B_{//} \tag{4-13}$$

那么

$$\phi = -\frac{4\pi}{\lambda}B_{//} + 2\pi N, \qquad N = 0, \pm 1, \pm 2, \cdots \tag{4-14}$$

由式（4-14）可以看出，相位 ϕ 包含斜距信息和地面点 p 的高度信息。

4.2 D-InSAR 形变测量原理[129-130]

InSAR 干涉测量的相位主要由 6 部分组成，每个相位的名称和消除方法如表 4-1 所示。

表 4-1　干涉相位的组成及消除方法

相位符号	相位名称	消除方法
ϕ_{flat}	平地效应相位	通过成像几何关系消除
ϕ_{top}	地形相位	采用差分干涉消除
ϕ_{def}	地表形变相位	——
ϕ_{orb}	轨道误差相位	采用精密轨道数据消除
ϕ_{atm}	大气相位	天气晴朗的情况下可以忽略
ϕ_{noi}	噪声相位	采用高斯窗口来平滑去噪

用公式表示为

$$\phi = \phi_{flat} + \phi_{top} + \phi_{def} + \phi_{orb} + \phi_{atm} + \phi_{noi} \qquad (4-15)$$

式中，地表形变相位 ϕ_{def} 是所要得到的相位，D-InSAR 就是通过一系列的处理方法，将式（4-15）右边的 ϕ_{flat}、ϕ_{top}、ϕ_{orb}、ϕ_{atm}、ϕ_{noi} 等消除，只剩下由地表形变引起的相位 ϕ_{def}。根据地形相位 ϕ_{top} 的消除方式，差分干涉分为二轨法、三轨法和四轨法。

基于已知 DEM 的二轨法是利用试验区地表变化前后两幅 SAR 影像生成干涉条纹图，再利用事先获取的 DEM 数据模拟地形相位条纹图，从干涉纹图中去除地形信息从而得到地表变化信息。该方法的优点是 DEM 和满足干涉条纹的两幅 SAR 图像比较容易获得，二轨法的流程图如图 4-2 所示。

三轨法是利用三景影像生成两幅干涉条纹图，一幅反映地形信息，一幅反映地表形变信息，进行平地效应消除后，分别进行相位解缠，最后利用差分干涉测量原理计算得到地表信息。三轨法的优点是不需要地面信息，数据间的配准较容易实现；缺点是相位解缠的好坏将影响最终结果。

四轨法是用 4 幅 SAR 图像进行差分干涉处理，即选择两幅适合生成 DEM 的 SAR 图像，另外选择两幅适合进行形变的 SAR 图像，而后与三轨法相同，分别进行平地效应消除和相位解缠，最后利用差分干涉测量原理计算得到地表信息。该方法适合在很难挑选满足三轨模式的差分干涉影像对情况下使用。例如，在 3 幅图像中，地形图像对的基线不适合生成 DEM，或者形变图像对的相关性很差，无法获得好的形变信息。四轨法的优点是获得的形变精度高；缺点是得到的两幅干涉影像不易配准。

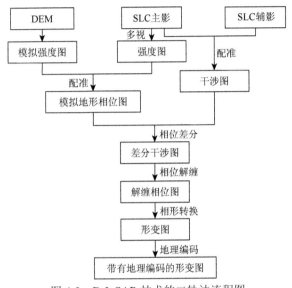

图 4-2　D-InSAR 技术的二轨法流程图

4.3　煤矿区地表沉降信息 D-InSAR 获取

4.3.1　D-InSAR 信息获取方法

D-InSAR 获取煤矿地表沉降的数据处理过程如图 4-3 所示，地面形变数据处理流程包括以下几个关键的步骤[73-74]。

1）单视复影像的配准

SAR 影像对的成像轨道和视角存在偏差，导致两幅影像间存在一定的位移和扭曲，使干涉影像对上具有相同影像坐标的点并不对应于地面上的同一散射点，为保证生成的干涉图具有较高的信噪比，必须对两景单视复影像进行精确配准，使两幅影像中同一位置的像元能够对应地面上的同一散射点。

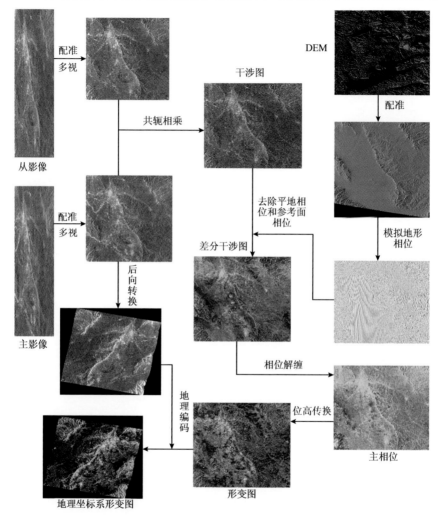

图 4-3　D-InSAR 信息获取的过程图

2）单视复影像预滤波

　　由于 InSAR 影像对在距离向和方位向均存在谱位移，会在干涉图中引入相位噪声，因此，为提高干涉图的质量，在生成干涉图之前，需要在距离向和方位向上进行预滤波处理。方位向滤波是指为保留相同的多普勒频谱而在方位向对主从影像进行的滤波处理。距离向预滤波是指从局部干涉图中消除主从影像间的局部频谱位移,然后利用带通滤波器滤除谱内噪声的过程。预滤波只是 InSAR 处理中的可选步骤,可根据频谱偏移量的大小来决定是否进行该处理。

3)干涉图生成

将从影像配准到主影像坐标系中后,对主、从影像或只对从影像进行重采样,之后将主、从影像对应像元进行共轭相乘,从而得到干涉图。共轭相乘后的结果是复数形式,其模值称为干涉强度图,相位值称为干涉条纹图或干涉图。这里的相位值是缠绕的,其绝对值都不大于 π。

4)基线估计

基线是反演地面点位高程、获取地表形变的必要参数,其精度对两者的影响很大,可以认为是 InSAR 处理过程中的一个重要环节。基线估计参数主要有垂直基线、平行基线、基线倾角和视角等。当前主要有基于轨道参数、基于干涉条纹和基于地面控制点的基线估计方法。

5)去平地效应

由基准面引起的相位分量称为平地效应。只有将平地效应从干涉纹图中去除,干涉图才能真实反映出相位同地形高度之间的关系,此时的干涉条纹较为稀疏,有利于相位解缠的顺利进行。

6)干涉图滤波

由于配准误差、系统热噪声、时空基线去相关和地形起伏等因素的影响,干涉图中往往存在较多的相位噪声,使干涉条纹不够清晰,周期性不够明显,连续性不强,增加了相位解缠的难度。为减少干涉图中的相位噪声,降低解缠难度,减少误差传递,需要对干涉相位进行滤波处理。

7)质量图生成

在得到干涉条纹图后,需要对相位数据的质量和一致性进行分析,以便为相位解缠或其他需要提供策略,这就需要计算相干图和伪相干图等干涉质量图。

8)相位解缠

相位解缠是将干涉相位主值恢复到真实相位值的过程,是 InSAR 数据处理流程中的关键环节，直接决定数字高程模型的精度。现有的相位解缠方法大致可以分成 3 类：基于路径追踪的解缠算法、基于最小范数的解缠算法和基于网络规划的解缠算法。其中基于路径追踪的解缠算法的基本策略是将可能的误差传递限制在噪声区内，通过选择合适的积分路径，隔绝噪声区，阻止相位误差的全程传递。基于最小范数的解缠算法将相位解缠问题转化为数学上的最小范数问题，关键是改正值不限制为整数周期而是根据已知点的拟合结果求出。基于网络规划的解缠算法是将相位解缠问题转化为网络优化中的最小化问题，运用各种算法求解最小化问题的最优解，最终获得相位解缠结果。

9）相位差分

相位差分主要是在干涉相位中去除地形相位，从而得到形变相位的一个过程。根据去除地形相位采用的数据和处理方法，可将差分干涉测量方法分为两轨法（或两通差分干涉测量）、三轨法（或三通差分干涉测量）和四轨法（或四通差分干涉测量）。

两轨法利用两景雷达影像组成影像对，进行干涉处理，从而生成研究区的数字地面高程模型 DEM，再将这个数字地面高程模型与外部 DEM 进行差分，最终获得地表的形变信息。

三轨法利用三景雷达影像组成两个干涉影像对，其中一个认为是只包含地形影响的干涉影像对，另一个则为包含地形和形变影响的干涉影像对。从后一个影像对中去除前一个影像对的干涉相位，即可获得地表的形变信息。

10）地理编码

在获取高程或形变量之后，这些量值仍然在雷达的坐标中。由于各幅 SAR 影像的几何特征不同，并且与任何测量参照系都无关，要得到可比的高程或形变图，就必须对数据进行地理编码。地理编码实际上就是雷达坐标系与地理坐标系之间的相互转换。

4.3.2 水准监测对比分析

水准监测到的地面沉降量是散点式的点位矢量信息，而 D-InSAR 方法监测到的沉降信息为栅格数据阵列。为了将这两种方法监测到的沉降量有效比较,有必要将水准监测的点位信息映射匹配到栅格数据阵列中。为将沉降栅格数据阵列与点位进行精确匹配,首先采集特征点,即地面样本点,然后采用仿射变换方程方法构建坐标转换模型,如式(4-16)和式(4-17)所示。

仿射变换公式为

$$\begin{cases} X = a_1 x + a_2 y + a_3 \\ Y = b_1 x + b_2 y + b_3 \end{cases} \tag{4-16}$$

构建坐标转换模型为

$$\begin{bmatrix} X \\ Y \\ 1 \end{bmatrix} = \begin{bmatrix} a_1 & a_2 & a_3 \\ b_1 & b_2 & b_3 \\ 0 & 0 & 1 \end{bmatrix} \begin{bmatrix} x \\ y \\ 1 \end{bmatrix} \tag{4-17}$$

式中,$\begin{bmatrix} a_1 & a_2 & a_3 \\ b_1 & b_2 & b_3 \\ 0 & 0 & 1 \end{bmatrix}$ 是转换方程。

表 4-2 为选用的地面样本点的坐标对应值,将其代入式(4-17)可以计算得到转换方程(式(4-18))。

表 4-2 地面样本点坐标对应值

点号	x	y	X	Y
1	3710011.030	491340.084	2151	3204
2	3710300.644	491234.516	2144	3187
3	3709707.474	490692.230	2112	3223
4	3709787.665	490188.164	2084	3217
5	3710232.986	491246.354	2145	3191
6	3710385.437	491195.622	2142	3182

计算得出转换模型为

$$\begin{bmatrix} a_1 & a_2 & a_3 \\ b_1 & b_2 & b_3 \end{bmatrix} = \begin{bmatrix} -0.00277 & 0.0587 & -16404.6 \\ -0.05867 & 9.0212 \times 10^{-5} & 220810.9 \end{bmatrix} \tag{4-18}$$

现收集到皖北钱营孜矿 3212 工作面地表移动水准观测站资料
（2010 年 1 月 14 日和 2010 年 2 月 26 日）和同时期 InSAR 数据（景号
ALPSRP211590660 和 ALPSRP218300660）监测结果进行实例验证。
将地面水准观测点的平面坐标分别代入式（4-18），可以得出各水准观
测点在栅格阵列中的映射关系，如表 4-3 所示。

表 4-3　数据配准结果

水准观测点	L 行号	M 列号
Z	2162	3229
102	2160	3225
103	2160	3224
104	2158	3219
105	2156	3217
106	2155	3212
107	2154	3210
108	2151	3204
109	2149	3199
110	2146	3193
111	2145	3191
112	2144	3187
113	2142	3184
114	2142	3182
115	2141	3180
116	2140	3178
117	2139	3175
118	2137	3172
119	2136	3170
120	2135	3168
121	2135	3166
122	2134	3165
123	2133	3163
124	2132	3161

续表

水准观测点	L 行号	M 列号
125	2131	3158
126	2131	3157
127	2130	3155
128	2129	3153
129	2128	3151
130	2128	3150
131	2125	3144
132	2124	3142
133	2124	3140
K3	2123	3138
K2	2121	3135
K1	2120	3131

　　将试验中获取的地表沉降量与相同时期地面水准监测到的形变量进行对比分析,如图 4-4 所示,发现两者存在高度的一致性。

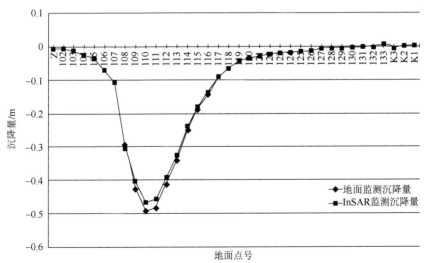

图 4-4　地面站监测沉降数据与 D-InSAR 监测沉降数据比较

若认为地面水准监测结果可以完全正确地反映监测时间间隔内的实际地面沉降量，即水准监测结果为真值，D-InSAR 监测结果为观测值，根据式（4-19）求解其中误差。

中误差为

$$\sigma = \sqrt{\frac{\sum[\Delta\Delta]}{n}} \tag{4-19}$$

经计算中误差 σ 为 10mm。

D-InSAR 处理结果精度之高，其原因如下。

1）数据源的选择

根据频段的选择规律：①频段越低，穿透能力越强，如 P 波段、L 波段；②频段越高，对地物细节描述能力越强，图像的边缘轮廓越清晰，如 X 波段、K 波段；③中间频段，兼顾穿透性和细节描述，综合性能好，如 S 波段、C 波段。ALOS-PALSAR 数据是日本对地观测卫星 PALSAR 传感器所获得的相控阵型 L 波段合成孔径雷达，时间基线为 46 天，其频段低，穿透能力强，另外，外部 DEM 选择的是 SRTM-3 数据，其精度优于 1∶25000 以上的地形图。

2）SAR 处理软件的选择

采用的瑞士 GAMMA 软件，是一款功能强大的 SAR 处理软件，能够将 SAR 原始数据处理成数字高程模型、地表形变图和土地利用分类图等数字产品，主要功能包括组件式的 SAR 处理器（MSP）、干涉 SAR 处理器（ISP）、差分干涉和地理编码（DIFF&GEO）、土地利用工具（LAT）和干涉点目标分析（IPTA）5 部分。在处理过程中，可以对轨道状态向量进行修正；通过多视（平均）减少相位噪声，或多视（过采样）提高影像的空间分辨率；通过去除平地效应，把干涉图中的地球弯曲的距离和方位向的相位趋势除去，减轻连续滤波、多视处理和相位解缠的困难；也可以通过滤波减少相位噪声和相位解缠的残差数，使相位解缠更简单、准确、有效；最后，可以将斜距坐标系转换成地距坐标系，直接获得垂直于基线方向的形变图。

3）处理方法的选择

D-InSAR 处理过程中采用的是二轨法，这是由于二轨法相比三轨法差分不需要考虑模拟地形相位中的大气延迟相位和去相干噪声相位，且仅需要两幅 SAR 图像和一幅 DEM 数据即可。在二轨法差分干涉处理过程中，有两种不同的处理方法，分别是先差分后解缠和先解缠后差分。经过分析发现，先解缠后差分方法会造成误差的累积，在解缠后仍然存在残差，而先差分后解缠方法在解缠之前去除了和地形相关的相位，因此在解缠后剩余的残差很小，不会造成误差的累积。图 4-5 为先差分后解缠和先解缠后差分与实地水准测量差值比较图。

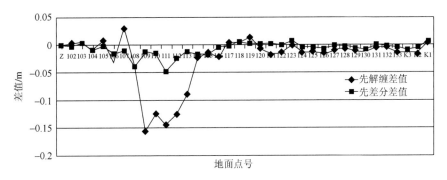

图 4-5　先差分后解缠和先解缠后差分与实地水准测量差值比较图

另外，在解缠过程中，采用的是最小费用流法进行的相位解缠，该方法是相位解缠的主流方法，相比于枝切法等其他方法，其处理结果的精度最高。

4）区域适宜性的选择

钱营孜矿区位于淮北平原的北部，在地貌单元上属于华北大平原的一部分，为黄河、淮河水系形成的冲积平原。采区内地形平坦，水系发达，浍河横贯其中，且矿区内冬季植被覆盖度低，地面裸露。这些地形和地质水文条件大大增加了主辅影像之间的相干性，使得 D-InSAR 技术能够适用于煤矿区的地表形变信息快速获取。

4.4　基于 D-InSAR 的煤矿地表沉降时空演化规律研究

4.4.1　研究区

云岗井田位于山西省大同市西 18km，云岗镇西。井田地理坐标为东经 113°3′14″～113°7′43″，北纬 40°4′18″～40°12′1″，井田南北长 13.11km，东西宽 5.75km，井田面积 59.0003km²。井田东与晋华宫井田、吴官屯井田和云岗石窟保护煤柱相邻，南与煤峪口井田、忻州窑井田相邻，西与姜家湾井田和大同市社队小窑区相邻，北与大同市北郊区小煤窑区相邻。

云岗井田交通方便，旧高山至大同的铁路支线和左云至大同的公路沿十里河通过本井田。在大同，北可接京包线，南可连北同蒲线，东去大秦线可通往全国各地，且井田内各村庄之间均有简易公路相通。

1）地形地貌特征

云岗井田位于大同煤田北部，为低山丘陵区，井田内大部分被黄土覆盖，植被稀少，十里河从井田中部通过，支沟呈羽状分布。十里河以北分水岭位于甘庄一带，其南部支沟流向十里河，以北支沟汇入淤泥河。十里河南部分水岭位于荣华皂一带，以北支沟汇入十里河，以南沟谷汇入忻州窑沟。井田内最高点位于北部为甘庄三角点，标高 1339.10m，最低点位于十里河下游，标高 1140.10m，相对高差 199m。

2）水文

云岗地区属海河流域，永定河水系，桑干河支系。井田内最大的河流为十里河，由西向东横穿井田中部，十里河发源于井田西部左云县常凹村一带，经左云出小站进入大同平原，汇入御河，注入桑干河，河流全长 75.9km，流域面积 1185km²，上游河床宽约 50m，中游宽约 200m，下游宽达 500～600m，坡度 1‰～2‰，一般流量 0.5～2.0m³/s。近 50 年最大洪峰为 745m³/s（1959 年 7 月 30 日）。近几年，河流时有干枯。

3）气候

云岗地区属高原地带，干旱大陆性气候。冬季严寒，夏季炎热，气候干燥,风沙严重。年降雨量分配极不均匀,暴雨强度大,多集中在 7 月、8 月、9 月 3 个月,占年降水量的 60%～75%,年最大降水量为 628.3mm,年最小降水量为 259.3mm,最大日降水量为 79.90mm。冻土月份为 11 月至第二年 4 月,最大冻土深度为 1610mm。

4.4.2　数据源

试验选用了从 2008 年 12 月 28 日～2009 年 12 月 23 日的 11 景 ENVISAT ASAR 影像,将 2009 年获取的 10 景影像全部配准到 2008 年 12 月 28 日的影像,目的是进行沉降图叠加时各个沉降值对应相同的点,按照二轨法将获取时间间隔一个月的影像两两差分共得到 10 幅干涉图,时间基线均为 35 天(ENVISAT ASAR 的一个重复访问周期),如表 4-4 所示。

表 4-4　ENVISAT ASAR 数据序列

序号	主影像	轨道号	副影像	轨道号	时间基线/d	垂直基线距/m
1	28-Dec-08	35700	01-Feb-09	36201	35	−283
2	01-Feb-09	36201	08-Mar-09	36702	35	663
3	08-Mar-09	36702	12-Apr-09	37203	35	−516
4	12-Apr-09	37203	17-May-09	37704	35	183
5	17-May-09	37704	21-Jun-09	38205	35	310
6	21-Jun-09	38205	26-Jul-09	38706	35	−374
7	26-Jul-09	38706	30-Aug-09	39207	35	369
8	30-Aug-09	39207	04-Oct-09	39708	35	−517
9	04-Oct-09	39708	08-Nov-09	40209	35	523
10	08-Nov-09	40209	13-Dec-09	40710	35	−820

DEM 选用美国宇航局喷气推进实验室提供的(JPL/NASA)SRTM 数据,该数据点的空间间隔为 90m,高程相对精度优于 10m,可以用于去除大部分地形相位。SRTM 数据每个文件覆盖一个经度和纬度的范围,每个影像块是 1201 个像元宽和 1201 个像元长,所有数据都是等角投影,短整型,大字节格式。

根据试验区范围选取 N39E112.dem、N39E113.dem、N40E112.dem、

N40E113.dem 四个 DEM，通过镶嵌后得到云岗区范围的 DEM，如图 4-6 所示。

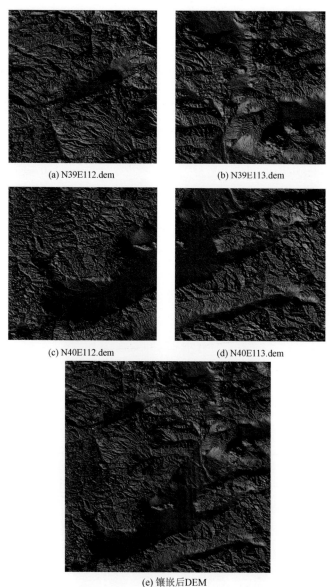

(a) N39E112.dem   (b) N39E113.dem

(c) N40E112.dem   (d) N40E113.dem

(e) 镶嵌后DEM

图 4-6　镶嵌前后 DEM

4.4.3 云岗煤矿区地表沉降时空演化规律

基于 D-InSAR 二轨法监测方法,分别对云岗煤矿区 2008 年 12 月～ 2009 年 12 月共 11 景 InSAR 数据处理后得到 10 对沉降结果,如图 4-7～ 图 4-16 所示。

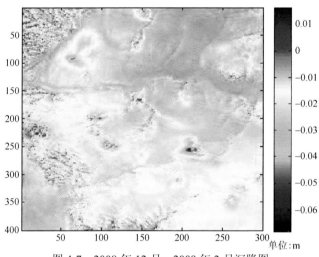

图 4-7 2008 年 12 月～2009 年 2 月沉降图

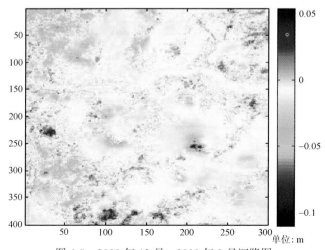

图 4-8 2008 年 12 月～2009 年 3 月沉降图

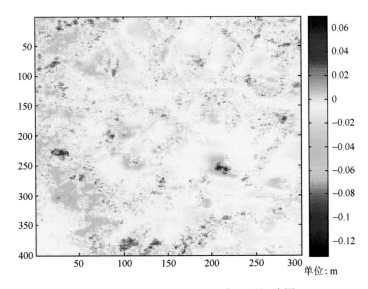

图 4-9 2008 年 12 月～2009 年 4 月沉降图

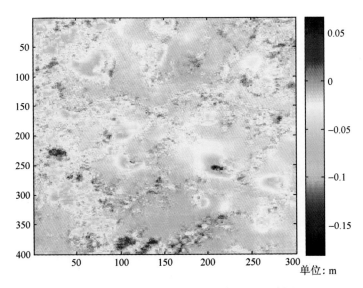

图 4-10 2008 年 12 月～2009 年 5 月沉降图

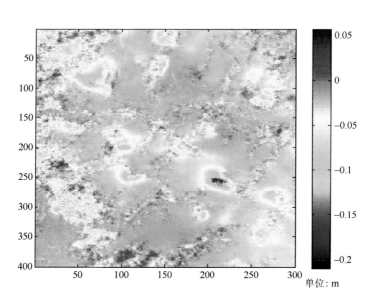

图 4-11　2008 年 12 月～2009 年 6 月沉降图

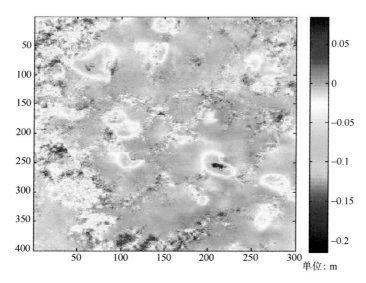

图 4-12　2008 年 12 月～2009 年 7 月沉降图

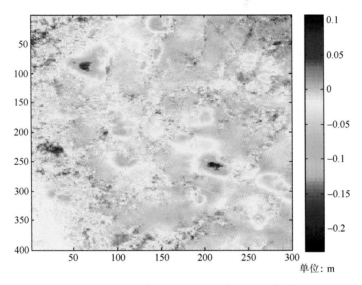

图 4-13 2008 年 12 月～2009 年 8 月沉降图

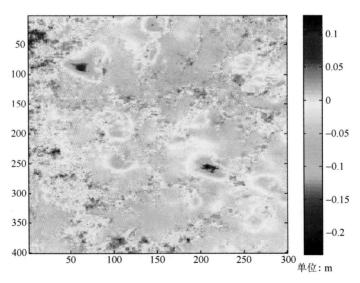

图 4-14 2008 年 12 月～2009 年 10 月沉降图

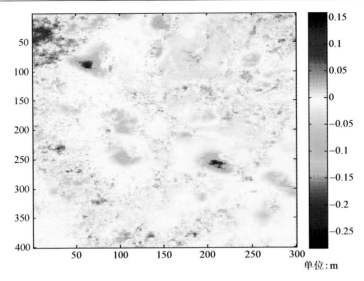

图 4-15　2008 年 12 月～2009 年 11 月沉降图

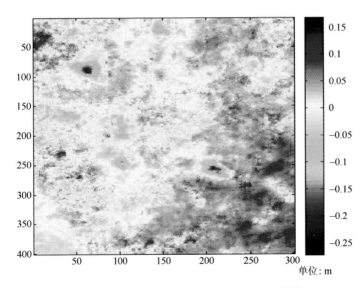

图 4-16　2008 年 12 月～2009 年 12 月沉降图

　　试验结果表明，2008 年 12 月～2009 年 12 月，沉降明显的有 *A*、*B* 两个区域，如图 4-17 所示，*A* 区和 *B* 区的大小均为 50 行 55 列。

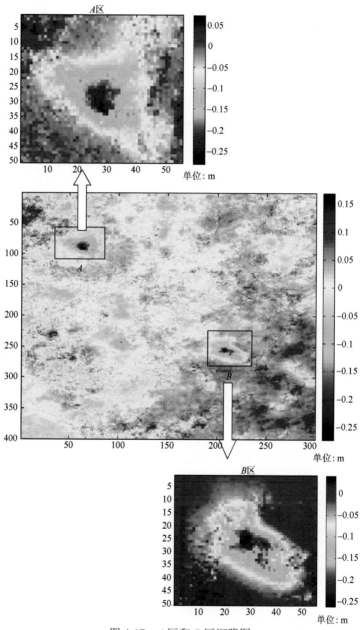

图 4-17　*A* 区和 *B* 区沉降图

假设 A 区有一煤矿开采工作面，为了监测地下采煤对地表的破坏需在工作面上方布设地表移动观测站，如图 4-18 所示，黑色斜状矩形框为工作面，红色线为工作面走向和倾向方向分别布置的两条观测线，观测点间距一般 25m 左右。常规地表沉陷观测是通过水准测量的方法定期监测观测的高程变化，这种方法往往费时费力，得到的是点的沉降特性。本次试验选取图 4-17 中 A 区均匀分布的 47 个参考点，提取参考点 2008 年 12 月～2009 年 12 月 350 天间隔的形变值，基于时间和形变值两个参数建立参考点的形变非线性回归模型：

$$Y_t = a_0 + a_1 X_t + a_2 X_t^2 + a_3 X_t^3 + \mu_t \qquad (4\text{-}20)$$

式中，Y_t 表示时间 t 间隔内的形变值，单位为 m；X_t 表示时间，单位为 d；a_0、a_1、a_2、a_3 和 μ_t 为系数。

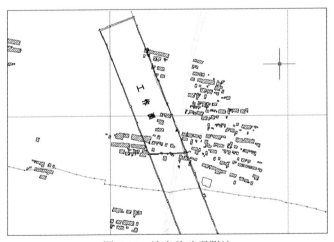

图 4-18　地表移动观测站

表 4-5 为二轨法差分处理后提取得到的 A_1 点～A_{47} 点在 2008 年 12 月～2009 年 12 月期间的形变数据。以 A_1 参考点为例，选取表 4-5 中 A_1 点的时间序列和其对应的形变值代入式（4-20）中，可以解算出 A_1 参考点的非线性回归模型（见图 4-19），以时间为 X 轴，沉降形变值为 Y 轴，根据 A_1 点的非线性回归模型可以得到该点的沉降拟合曲线。同理，A_2～A_{47} 点的非线性回归模型亦可求出。图 4-19～图 4-24 为 A 区部分参考点在 2008 年 12 月～

2009 年 12 月期间的沉降拟合曲线图。图 4-25、图 4-26 和图 4-27 分别是 A 区 35d、210d 和 350d 时间范围内的三维沉降图。通过各点的非线性回归模型可以反演 2008 年 12 月～2009 年 12 月期间任意时刻内该区域的下沉值,为分析整个区域的地面沉降场时空演化规律提供依据。

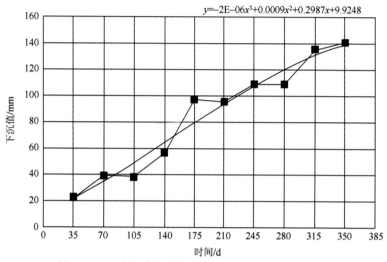

图 4-19　A_1 参考点沉降拟合曲线(红色为拟合曲线)

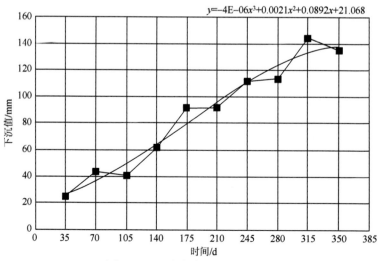

图 4-20　A_2 参考点沉降拟合曲线

表 4-5　2008 年 12 月～2009 年 12 月期间参考点形变值

点号	0812~0902 形变值 (35d)	0812~0903 形变值 (70d)	0812~0904 形变值 (105d)	0812~0905 形变值 (140d)	0812~0906 形变值 (175d)	0812~0907 形变值 (210d)	0812~0908 形变值 (245d)	0812~0910 形变值 (280d)	0812~0911 形变值 (315d)	0812~0912 形变值 (340d)
1	-0.023	-0.039	-0.038	-0.057	-0.097	-0.096	-0.109	-0.110	-0.135	-0.141
2	-0.025	-0.043	-0.041	-0.062	-0.092	-0.093	-0.112	-0.110	-0.144	-0.135
3	-0.029	-0.042	-0.041	-0.063	-0.093	-0.098	-0.121	-0.120	-0.152	-0.133
4	-0.032	-0.042	-0.040	-0.065	-0.096	-0.109	-0.144	-0.150	-0.179	-0.163
5	-0.034	-0.048	-0.045	-0.071	-0.103	-0.114	-0.148	-0.160	-0.191	-0.174
6	-0.036	-0.052	-0.048	-0.077	-0.111	-0.132	-0.180	-0.190	-0.231	-0.217
7	-0.038	-0.054	-0.052	-0.086	-0.123	-0.146	-0.183	-0.200	-0.237	-0.223
8	-0.040	-0.052	-0.049	-0.090	-0.132	-0.152	-0.182	-0.180	-0.231	-0.210
9	-0.042	-0.058	-0.054	-0.102	-0.154	-0.164	-0.200	-0.220	-0.281	-0.272
10	-0.040	-0.054	-0.052	-0.089	-0.115	-0.123	-0.162	-0.180	-0.244	-0.245
11	-0.043	-0.063	-0.057	-0.085	-0.117	-0.123	-0.168	-0.190	-0.226	-0.215
12	-0.045	-0.060	-0.057	-0.088	-0.098	-0.123	-0.172	-0.190	-0.222	-0.234
13	-0.045	-0.053	-0.049	-0.078	-0.097	-0.123	-0.165	-0.180	-0.202	-0.206
14	-0.039	-0.046	-0.043	-0.063	-0.086	-0.107	-0.129	-0.160	-0.172	-0.170
15	-0.025	-0.013	-0.005	-0.017	-0.034	-0.058	-0.089	-0.100	-0.123	-0.113

续表

点号	0812~0902 形变值 (35d)	0812~0903 形变值 (70d)	0812~0904 形变值 (105d)	0812~0905 形变值 (140d)	0812~0906 形变值 (175d)	0812~0907 形变值 (210d)	0812~0908 形变值 (245d)	0812~0910 形变值 (280d)	0812~0911 形变值 (315d)	0812~0912 形变值 (340d)
16	-0.021	-0.021	-0.015	-0.030	-0.054	-0.074	-0.094	-0.090	-0.120	-0.105
17	-0.020	-0.018	-0.011	-0.028	-0.050	-0.066	-0.091	-0.090	-0.117	-0.099
18	-0.022	-0.018	-0.007	-0.024	-0.045	-0.058	-0.080	-0.080	-0.103	-0.088
19	-0.014	-0.031	-0.031	-0.050	-0.083	-0.094	-0.114	-0.100	-0.124	-0.125
20	-0.014	-0.028	-0.033	-0.054	-0.087	-0.100	-0.117	-0.110	-0.127	-0.118
21	-0.015	-0.026	-0.023	-0.044	-0.076	-0.093	-0.110	-0.120	-0.147	-0.131
22	-0.015	-0.028	-0.027	-0.050	-0.088	-0.099	-0.121	-0.140	-0.160	-0.142
23	-0.016	-0.030	-0.022	-0.047	-0.085	-0.100	-0.116	-0.130	-0.156	-0.125
24	-0.018	-0.021	-0.018	-0.046	-0.084	-0.100	-0.120	-0.130	-0.153	-0.129
25	-0.019	-0.025	-0.027	-0.054	-0.093	-0.113	-0.133	-0.140	-0.163	-0.144
26	-0.021	-0.036	-0.035	-0.065	-0.104	-0.125	-0.147	-0.150	-0.172	-0.154
27	-0.021	-0.036	-0.030	-0.053	-0.096	-0.117	-0.144	-0.140	-0.166	-0.152
28	-0.021	-0.033	-0.029	-0.055	-0.105	-0.130	-0.157	-0.150	-0.180	-0.170
29	-0.020	-0.034	-0.030	-0.060	-0.089	-0.113	-0.146	-0.140	-0.169	-0.166
30	-0.020	-0.034	-0.032	-0.065	-0.097	-0.119	-0.163	-0.160	-0.188	-0.187
31	-0.021	-0.036	-0.034	-0.072	-0.107	-0.120	-0.169	-0.160	-0.196	-0.195

续表

点号	0812~0902 形变值 (35d)	0812~0903 形变值 (70d)	0812~0904 形变值 (105d)	0812~0905 形变值 (140d)	0812~0906 形变值 (175d)	0812~0907 形变值 (210d)	0812~0908 形变值 (245d)	0812~0910 形变值 (280d)	0812~0911 形变值 (315d)	0812~0912 形变值 (340d)
32	-0.021	-0.034	-0.034	-0.073	-0.106	-0.123	-0.175	-0.170	-0.202	-0.202
33	-0.021	-0.034	-0.032	-0.067	-0.101	-0.137	-0.163	-0.160	-0.187	-0.180
34	-0.022	-0.034	-0.031	-0.064	-0.097	-0.125	-0.150	-0.150	-0.177	-0.169
35	-0.023	-0.024	-0.025	-0.056	-0.088	-0.111	-0.139	-0.140	-0.162	-0.145
36	-0.023	-0.032	-0.031	-0.065	-0.094	-0.108	-0.131	-0.130	-0.149	-0.117
37	-0.024	-0.041	-0.037	-0.075	-0.107	-0.128	-0.150	-0.140	-0.169	-0.148
38	-0.024	-0.022	-0.017	-0.054	-0.091	-0.107	-0.113	-0.110	-0.123	-0.125
39	-0.051	-0.064	-0.071	-0.105	-0.151	-0.158	-0.211	-0.220	-0.261	-0.257
40	-0.051	-0.066	-0.069	-0.110	-0.128	-0.125	-0.175	-0.190	-0.236	-0.239
41	-0.023	-0.038	-0.078	-0.055	-0.077	-0.097	-0.129	-0.150	-0.160	-0.157
42	-0.055	-0.068	-0.048	-0.100	-0.143	-0.126	-0.161	-0.180	-0.207	-0.206
43	-0.027	-0.043	-0.055	-0.077	-0.124	-0.123	-0.169	-0.180	-0.221	-0.221
44	-0.030	-0.047	-0.048	-0.051	-0.070	-0.073	-0.104	-0.100	-0.119	-0.120
45	-0.030	-0.045	-0.042	-0.067	-0.105	-0.092	-0.112	-0.100	-0.120	-0.118
46	-0.033	-0.053	-0.046	-0.085	-0.120	-0.114	-0.135	-0.130	-0.153	-0.147
47	-0.037	-0.060	-0.032	-0.092	-0.138	-0.132	-0.140	-0.130	-0.152	-0.145

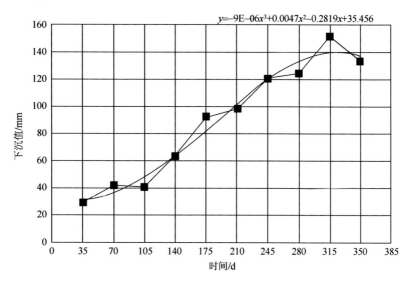

图 4-21　A_3 参考点沉降拟合曲线

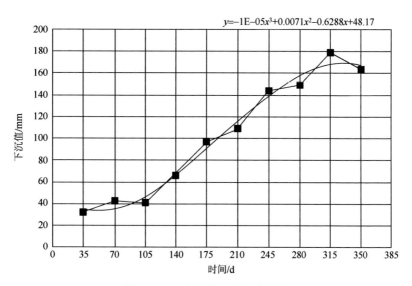

图 4-22　A_4 参考点沉降拟合曲线

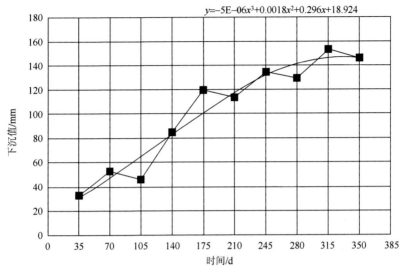

图 4-23 A_{46} 参考点沉降拟合曲线

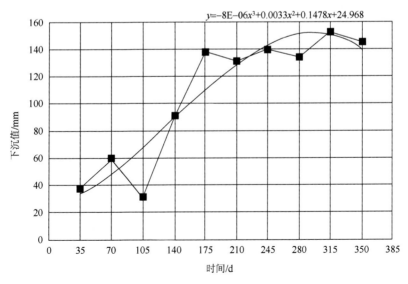

图 4-24 A_{47} 参考点沉降拟合曲线

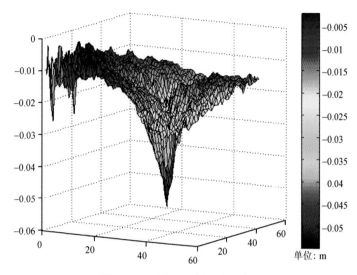

图 4-25　A 区 35d 内沉降三维图

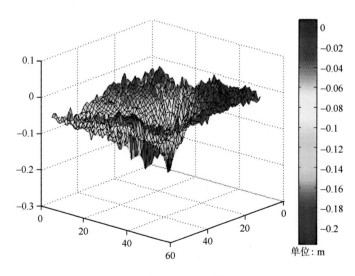

图 4-26　A 区 210d 内沉降三维图

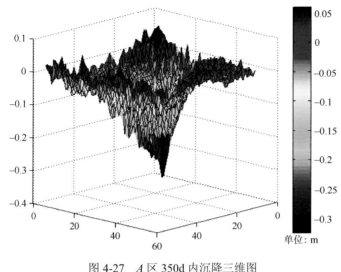

图 4-27　*A* 区 350d 内沉降三维图

4.5　本　章　小　结

　　本章研究了 D-InSAR 的原理，探讨了 D-InSAR 二轨法获取地表沉降信息的技术方法。通过与皖北钱营孜矿常规水准测量精度对比分析，验证了 D-InSAR 技术获取矿区面沉降信息的可靠性，通过收集大同云岗矿区 2008 年 12 月 28 日～2009 年 12 月 23 日的 11 景 ENVISAT ASAR 影像，按照二轨法采用相同时间基线组合（35d）两两差分干涉处理分析，建立了基于时间和形变值样本点的形变非线性回归模型，为快速获取整个区域的地面沉降场信息提供了依据。

第5章 煤矿区"一张图"建设中的物联网井下信息感知

井下信息是煤矿区"一张图"包含的重要内容。煤矿开采处于地下深处，地质条件复杂，环境恶劣，瓦斯、粉尘、水害和顶底板事故等时有发生，造成井下信息获取异常困难，致使生产和主管部门难以掌握矿层、井下人员设施、矿产开发和越层越界非法开采等情况。虽然一些矿山企业陆续建设安装了监测监控系统、井下人员定位系统、紧急避险系统、压风自救系统、供水施救系统和通信联络系统等信息化设施，但是各系统建设完成后使用相对独立，相关资源有效整合困难。本章讨论通过运用物联网技术、GIS 技术、网络通信技术和空间数据库技术对井下信息实现感知的技术方法。

5.1 物联网与矿山物联网

5.1.1 物联网现状

物联网是一个十分宽泛的概念，通俗地讲，物联网即万事万物的联网。从技术的角度，并将其同互联网类比，可以得出如下定义：物联网是物体通过装入射频识别（radio frequency identification，RFID）设备、红外感应器、全球定位体统（global positioning system，GPS）、激光扫描设备或其他方式进行连接，然后按照约定的协议，接入互联网或移动通信网络，进行信息交换和通信，最终形成智能网络，实现对物体的智能化识别、定位、跟踪、监控和管理[131]。图 5-1 为物联网架构。

物联网的基本特征是全面感知、可靠传送和智能处理[132]。"全面感知"是指利用射频识别设备、二维码、摄像头、传感器、传感网络和全球定位系统等感知、捕获、测量的技术手段，实时动态地对物体进行信息采集和获取; "可靠传送" 是指通过各种信息网络与互联网的融合, 安全可靠地进行物体信息的交互和共享; "智能处理" 是指利用云计算, 模糊识别等各种智能计算技术, 对获得的海量数据和信息进行分析处理, 以实现智能化的决策和控制。

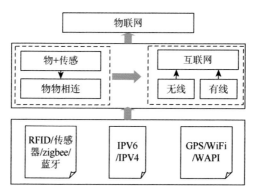

图 5-1 物联网架构

国外对物联网的研发, 主要集中在美国、欧盟、日本、韩国等少数国家和地区。美国是物联网技术的主导和先行国之一, 较早开展物联网研究与应用。2007 年, 美国马萨诸塞州剑桥城在美国国家自然科学基金会的资助下, 着手打造全球第一个全城无线传感网。2009 年, IBM 提出 "智慧地球" 概念之后掀起了物联网关注热潮, 美国将这一概念提升为国家级的发展战略。欧盟制定了 "欧洲行动计划", 2006 年成立工作组专门进行 RFID 技术研究, 并于 2008 年发布《2020 年的物联网—未来路线》, 2009 年欧盟委员会递交《欧盟物联网行动计划》并发布物联网战略, 提出要让欧洲在基于互联网智能基础设施发展上领先全球。日本政府自 20 世纪 90 年代中期以来相继制定了 "e-Japan"、"u-Japan"、"i-Japan" 等多项国家信息技术发展战略, 从大规模开展信息基础设施建设入手, 不断拓展和深化技术应用, 以此带动本国社会和经济发展。韩国政府自 1997 年起出台了一系列国家信息化建设的产业政策, 包括 RFID 先导计划、RFID 全面推动计划、USN 领域测试计划等, 并于 2006 年确定 "u-Korea" 战略, 让民众可以随时随地享有科技智慧服务。

　　国内，中国科学院于 1999 年启动了传感网研究，分别在无线智能传感器网络通信技术、微型传感器、传感器终端机和移动基站等方面取得重大进展。到目前为止，我国的传感网标准体系已形成初步框架，向国际标准化组织提交的多项标准提案已被采纳。在物联网的未来发展中，我国和国际上的其他国家相比，具有同发优势。物联网的发展已提升为国家战略，国家正大力支持物联网在物流、交通、通信、医疗、农业、安防和矿业等方面的研究与应用。

5.1.2　矿山物联网现状

　　物联网在矿山感知中作用重大。煤炭生产系统复杂，工作场所黑暗狭窄，人员集中，采掘工作面随时移动，而且地质条件的变化会使移动的采掘工作面不断出现新的情况和问题。现阶段的物联网技术可以协助管理人员系统全面地掌握矿区地面、井下环境、水文地质、煤层、巷道、机电设备及工作状态、井下人员分布及工作状态、每班产量等信息。利于煤炭生产系统的安全管理和资源开发监管工作。

　　在矿山物联网研究与应用中，我国学者提出了感知矿山概念并付出诸多努力将其实施。感知矿山是数字矿山和矿山综合自动化等概念的升华。基于矿山企业的信息化、自动化和安全生产的需求，2010 年大唐电信提出电信物联网在煤炭行业的应用，提升了矿区的自动化生产能力；四川省安全科学技术研究院针对我国金属矿山不断发生的透水事故，应用物联网技术建立了一套软硬件结合、运行稳定的涌水量自动监测报警与智能识别系统；中国矿业大学感知矿山研发中心和徐州市物联网产业研发中心也于 2011 年 1 月联合提出了《感知矿山示范工程设计方案》，意图解决煤炭生产中的人员安全、灾害预报和智能控制等方面的问题。

5.2　物联网井下信息感知

　　井下物联网集成了无线实时定位系统（WiFi RTLS）、地理信息系统（geographic information system，GIS）和网络技术。在地面监控中心对井下人员、车辆和其他设施等动静态目标跟踪和定位管理，通过 GPRS/

CDMA 无线传输技术和网络技术进行远程监控，动态掌握井下采掘情况，并对井下复杂环境因素（温度、湿度和瓦斯等）的状况及发展变化进行实时监测、分析和预警，从而实现对矿山地下开采活动的有效监督，及时有效地发现矿山越界越层开采和破坏浪费资源的违法行为，进一步提高矿山企业的安全生产水平。

5.2.1　无线实时定位系统原理

无线实时定位系统由无线网络接入点（access point，AP）、WiFi 定位电子标签或 WiFi 模式无线终端设备（如移动电话、PDA、笔记本计算机等）和定位服务器组成。表 5-1 列出了无线实时定位涉及的关键技术。

表 5-1　无线实时定位系统关键技术术语

术语	解释
AP	access point 的缩写，负责通信功能的无线网络接入点
定位 AP/AP 定位器	拥有定位功能的无线网络接入点
RFID	射频识别技术又称为电子标签，可通过无线电信号识别特定目标并读写数据
WiFi	wireless fidelity 的缩写，又称为 WLAN，即无线局域网
定位标签/标签	基于 WiFi 的 RFID 电子标签
RTLS	real time location system 的缩写，又称实时定位系统

其中，WiFi 无线局域网又被称为 802.11b 标准，是 IEEE 定义的一个无线网络通信的工业标准。该技术使用的是 2.4GHz 附近的频段，其主要特性为速度快，可靠性高，在开放性区域，通信距离可达 305m，在封闭性区域，通信距离为 76～122m。

AP 一般称为网络桥接器或无线接入点，往往当做传统的有线局域网络与无线局域网络之间的桥梁，任何一台装有无线网卡的 PC 均可透过 AP 去分享有线局域网络甚至广域网络的资源，其工作原理相当于一个内置无线发射器的 HUB 或者是路由。

RFID 是一种非接触式的自动识别技术，通过射频信号自动识别目标对象并获取相关数据，识别工作不需要人工干预，可应用于各种恶劣环境。

　　无线实时定位系统工作原理。在覆盖无线局域网的地方，RFID 电子标签或者无线设备周期性向 AP 发出信号，或者 AP 周期性地主动搜索电子标签或者无线设备，AP 得到信号以后，传送到后端定位服务器，定位服务器根据定位算法，实时在 Web 界面的电子地图上显示电子标签或者无线设备的具体位置，如图 5-2 所示。

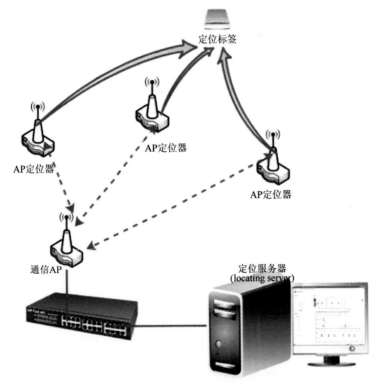

图 5-2　无线实时定位系统原理图

　　根据矿井监测需求，依据矿山采掘工程平面图和井上下对照图，在井下坑道、峒室和作业面等地点安装具有进出方向和时间识别能力的无线定位分站 AP，定位分站的密度要在有效识别范围之内，一般不超过 100m。进入坑道或作业面的人员和车辆必须安装 RFID 标记卡。当人员和车辆经过 AP 定位分站的地点时被系统识别，系统将读取该卡号信息，通过传输网络，将人员和车辆通过的路段、时间等资料传输到定位服务器进行数据管理，定位服务器根据信号的强弱或信号到达时差判断矿工或者矿车位置，并可同时在地面监控中心 GIS 电子地图上出现提示信息，显示通过人员和车辆的标号、坐标位置和时间。如果感应的无线标记卡号进入限制通道（如越层越界），系统将自动报警并记录现场作业人员及车辆数量和位置，实现井下作业远程监控的目的。

对于井下复杂环境要素（如瓦斯、温度、湿度和电压等）的感知也可通过佩戴在矿工身上的智能终端传感器实现。随着矿工在各地下场所的运动轨迹可以随时监控到矿工周围的敏感数据（瓦斯、温度和电压等），这些数据通过无线 AP 传送至地面监控平台，整个监控平台上不仅可以定位矿工和矿车的位置，还可以探测到人周围的瓦斯、温度和电压等智能终端传感器的信息，当瓦斯、温度和电压等敏感数据超过警戒值时，系统将会报警提示。

5.2.2　自定义 UDP 通信协议设计

根据协议分层模型，TCP/IP 网络通信协议由 4 个层次组成：网络接口层、网际层、传输层和应用层。其中传输层通信协议包括 TCP 协议（transmission control protocol）和 UDP 协议（user datagram protocol）。

UDP 和 TCP 的主要区别是两者在如何实现信息的可靠传递方面不同。TCP 中包含了专门的传递保证机制。当数据接收方收到发送方传来的信息时，会自动向发送方发出确认消息；发送方在接收到确认消息后才继续传送其他信息，否则将一直等待直到收到确认信息为止。

与 TCP 不同，UDP 并不提供数据传送的保证机制。如果从发送方到接收方的传递过程中出现数据包的丢失，协议本身并不能做出任何检测或提示。因此，通常 UDP 又称为不可靠的传输协议。

虽然 TCP 中植入了各种安全保障功能，但是在实际执行的过程中会占用大量的系统开销，无疑使传输速度受到严重的影响。反观 UDP，由于排除了信息可靠传递机制，将安全和排序等功能移交给上层应用来完成，极大降低了执行时间，速度得到了保证。另外，UDP 使用端口号不同的应用保留其各自的数据传输通道，正是基于这一机制可以实现对同一时刻内多项应用同时发送和接收数据。

　　UDP 的主要作用是将网络数据流量压缩成数据包的形式，UDP 中每个数据包中可以传输 1472 字节，约合 730 个中文汉字或 1450 个英文字母。考虑井下网络负担和系统运行情况，一般约定 UDP 最大数据包不超过 1200 字节，即 600 个中文汉字。如图 5-3 所示，定位服务器将井下 AP 定位器采集到的矿工或矿车的定位数据（标号，X 坐标，Y 坐标，Z 坐标，时间）通过 8090 端口传送至数据交换服务器，例如，数据包"1，x，y，z，时间*2，x，y，z，时间"表示"标号为 1 的矿工（矿车）在某个时刻的位置信息"和"标号为 2 的矿工（矿车）在某个时刻的位置信息"，两条定位信息在数据包中用"*"隔开。智能终端传感器探测到的井下环境敏感数据（如瓦斯、电压、温度和是否报警等信息），通过端口 8899 传送至数据交换服务器。定位数据和环境敏感数据均通过 UDP 传输并且数据包都应小于 1200 字节。

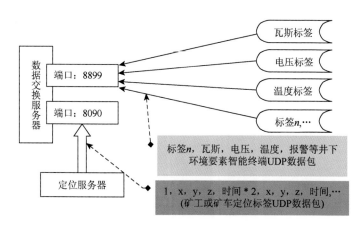

图 5-3　UDP 数据包传输原理图

图 5-4 为数据服务器将汇总后的 AP 定位数据和智能终端数据向地面监控中心 Web 服务器（IIS 服务器）传输的过程。如果数据交换服务器通过 UDP 向 IIS 服务器发送的数据包超过了最大传输量 1200 字节，则先要在数据交换服务器进行拆包处理，将大包分解成若干小包，IIS 服务器端进行并包处理恢复原始记录，如果不进行拆包处理容易导致数据无法传输甚至数据丢失。

图 5-4 数据交换服务器和 IIS 服务器数据传输过程

UDP 拆包的定义：包 ID*子包顺序号*总包数#包中数据部分。

例如，一条原始数据包如下：

1，dy，ws，wd，hj，x，y，z，time*2，dy，ws，wd，hj，x，y，z，time*3，dy，ws，wd，hj，x，y，z，time

其中，"1，2，3"表示定位标签或者智能传感器的编号；dy 表示"电压"，ws 表示"瓦斯"，wd 表示"温度"，hj 表示"呼救"，time 表示"时间"。为避免数据传输受阻，数据交换服务器将此大数据包拆解成两个小数据包如下。

第 1 个小数据包：

baoID，1，2#1，dy，ws，wd，hj，x，y，z，time*2，dy，ws，wd

第 2 个小数据包：

baoID，2，2#，hj，x，y，z，time*3，dy，ws，wd，hj，x，y，z，time

整个数据包的拆包并包处理过程如图 5-5 所示。

IIS 服务器对来自端口 8888 中的并包数据处理过程需通过 Microsoft .NET 编程实现，具体实现流程如图 5-6 所示。启动 UDPServer 对象实时监听 8888 端口→8888 端口监听接收的拆包数据→逻辑层 BLLGisUdp 感知矿山协议解析处理，将拆包数据合并为并包数据→并包数据写入 MyCache 缓存池并进行更新→端口 8888 循环监听。

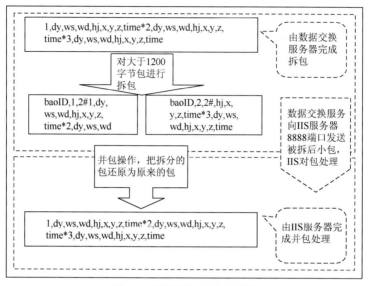

图 5-5 数据拆包和并包过程

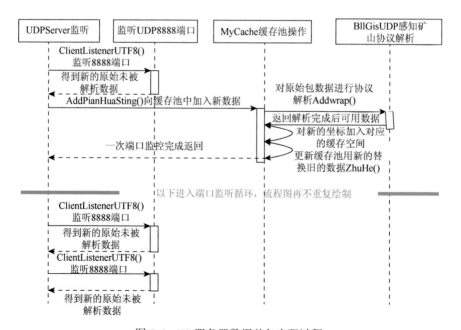

图 5-6 IIS 服务器数据并包实现过程

5.2.3　MIOTGIS 监控系统设计

感知矿山 GIS 监控系统（mine geography information system by internet of things，MIOTGIS）是由地面通信总站在系统软件支持下，通过数据传输通信分站和沿巷道铺设的通信光缆/电缆，定时对井下安装的无线数据 AP 定位分站、地质环境敏感数据智能终端传感器进行数据巡检和信息采集，无线数据定位分站和智能终端传感器自动采集有效识别距离内的标记卡、电子标签等传感器信息，并根据系统指令，通过传输网络将相关数据传送至地面通信总站。基础数据、定位数据、瓦斯、温度和湿度等地质环境敏感数据信息经联合分析处理后，在 MIOTGIS 系统中通过 B/S 模式将井下人员和车辆动态分布、历史轨迹和地下环境敏感数据监测预警在客户端显示屏得以实时反映，需要上报主管部门的数据如矿山企业基础信息、矿业权数据和越层越界监控数据等利用互联网或无线 GPRS 传送到主管部门（国土局信息中心）的数据存储服务器上，从而实现在地面远程监控井下采掘状态和地质环境要素变化规律的目的。图 5-7 为 MIOTGIS 结构图。图 5-8 为系统部署框架。

5.2.4　MIOTGIS 数据库 E-R 模型设计

MIOTGIS 的数据源主要有井下定位卡信息，矿工、矿车基本信息和智能终端传感器探测的瓦斯等敏感信息，以上重要信息通过 5 个数据表映射关联，如图 5-9 所示。PosCardInfo 表用于存储 AP 定位卡基本信息；WorkerInfo 表用于存储矿工信息；TrainInfo 表用于存储矿车基本信息；TerminalInfo 表用于存储智能终端信息；Target 表用于存储矿工/矿车、AP 定位标签和智能终端三者的关系。

图 5-10 为 MIOTGIS 数据库的 E-R 模型。在 E-R 模型中，定位服务器把矿工和矿车定位标签信息发送到数据交换服务器，同时矿工身上佩戴的智能终端把感知数据也发送至数据交换服务器。数据交换服务器依据表"Target"、表"TerminalInfo"和表"PosCardInfo"之间的关联关系进行处理，通过 Web 服务器 IIS 解析后发送到客户端显示，数据流的逻辑关系如图 5-11 所示。

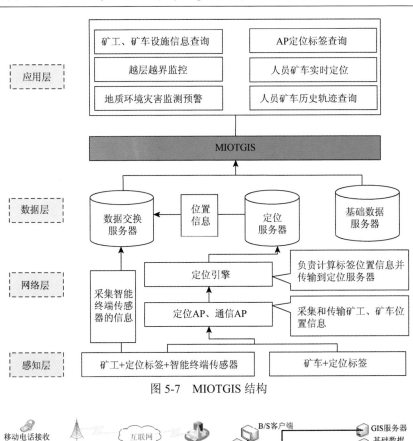

图 5-7　MIOTGIS 结构

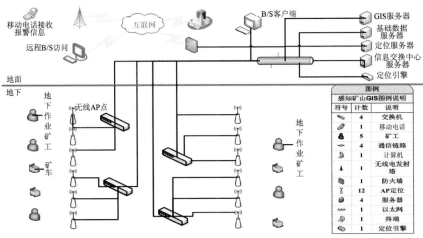

图 5-8　感知矿山 GIS 部署结构

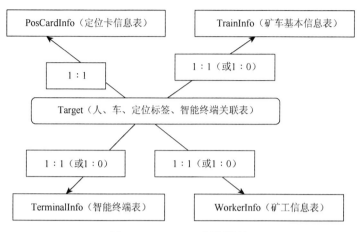

图 5-9 MIOTGIS 逻辑设计

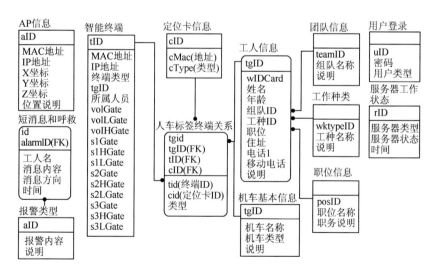

图 5-10 感知矿山 GIS 数据库 E-R 模型

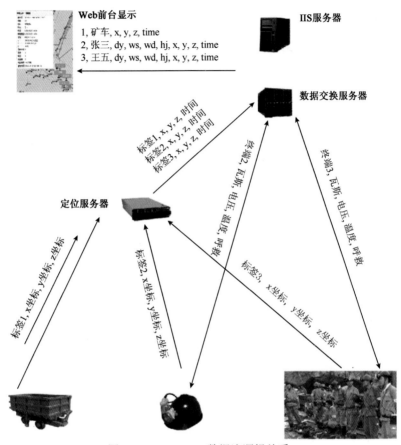

图 5-11　MIOTGIS 数据流逻辑关系

其中数据流的关键处理步骤如下。

（1）数据交换服务器从 8090 端口监听定位服务器发来的定位信息：
标签 1，x，y，z，时间*标签 2，x，y，z，时间*标签 3，x，y，z，时间

（2）数据交换服务器从 8899 端口监听智能终端发来的地质环境敏感信息：

终端 2，瓦斯，电压，温度，呼救

终端 3，瓦斯，电压，温度，呼救

（3）表 PosCardInfo 存储步骤 1 获取的定位信息：

PosCard1，x，y，z，时间*PosCard2，x，y，z，时间*PosCard3，x，

y，z，时间

（4）表 TerminalInfo 存储步骤 2 智能终端传递的地质环境敏感信息：

tid2，瓦斯，电压，温度，呼救

tid3，瓦斯，电压，温度，呼救

（5）在数据库 E-R 模型中通过主关键字 tgID 组合，得到矿工、矿车定位信息和智能终端信息的关联表 Target：

1，瓦斯，电压，温度，呼救，x，y，z，time*2，瓦斯，电压，温度，呼救，x，y，z，time*3，瓦斯，电压，温度，呼救，x，y，z，time

（6）数据交换服务器将矿工和矿车的定位信息和智能终端的信息组合在一起处理，形成关联数据表 Target 并将组合信息发送到 IIS 服务器，IIS 服务器解析处理后传递至 Web 客户端显示。

1，矿车，x，y，z，time*2，张三，dy，ws，wd，hj，x，y，z，time*3，王五，dy，ws，wd，hj，x，y，z，time

通过上述信息传递方式，地面监控中心客户端可以查询矿工和矿车的位置信息，由人车的活动轨迹进而判断矿山企业是否存在越层越界非法开采现象。另外，系统可以同时探测矿工周围的地质环境状况，为地质环境及时感知和异常状况提前预警提供依据。

5.2.5 MIOTGIS 的系统结构设计

MIOTGIS 的功能模块主要由 5 部分组成：矿图管理、基础数据管理、历史轨迹重演、实时监控和感知报警，如图 5-12 和图 5-13 所示。

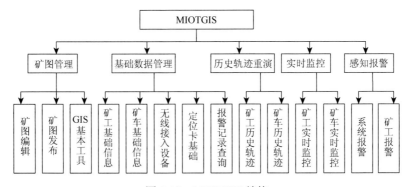

图 5-12 MIOTGIS 结构

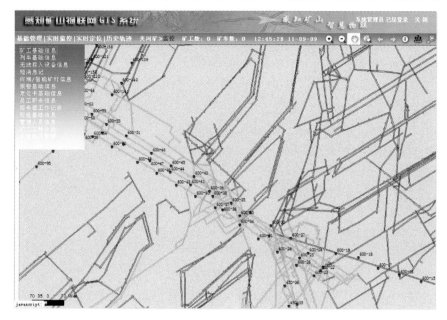

图 5-13　MIOTGIS 主界面

5.3　MIOTGIS 地下资源监控实现

　　作为煤矿地下"一张图"的有效监管方式，MIOTGIS 中矿工或矿车的实时定位和历史轨迹重现功能，能够及时、准确地将井下各工作场所人员、车辆和其他设备的动态轨迹反馈到地面监控中心，使管理人员随时掌握井下人员、设施的分布状况和矿工、矿车的运动轨迹，从而实现井下矿产资源的采掘跟踪和判定矿山企业是否越层越界非法开采。

　　针对煤矿井下情况异常复杂的特点，首先将井下空间分割成若干区域，在每个区域内沿主要巷道、交叉道口、采掘工作面、重要硐室、危险场所和地面主要进出口等位置安装 AP 无线基站，AP 布设的数量可根据井下具体环境而定，AP 与 AP 之间要保证在无线技术传输的范围，一般 50～80m 布设一个 AP，复杂区域可增加基站的密度。矿工或矿车将RFID 定位标签（又称为身份卡）嵌入安全帽或车身中，当携带身份卡的作业人员（或作业车辆）进入基站检测范围，基站可以有效识别相关人员（或车辆）的身份和定位等信息，通过现场总线将监测信息传输到井上定位服务器，定位服务器记录井下工作人员（或车辆）经过的时间、地点和活动轨迹等实时信息，通过地面监视器和借助 GIS 可以实时可视地查询当前井下人员（或车辆）的分布情况、矿工（或矿车）某一时刻所处的位置以及矿工（或矿车）当日或某日的活动踪迹。图 5-14 和图 5-15 为井下定位示意图。

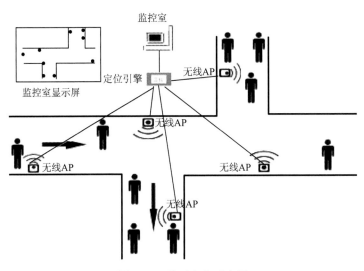

图 5-14 井下定位示意图

另外，在 RFID 定位标签中可以集成感知周围环境的智能终端，用于探测矿工周围的环境敏感信息如瓦斯、电压、温度和呼救信息等，为监管部门提供井下基础地质环境依据。GIS 监控平台不仅可以确定人车的位置，还可以感知到井下人员周围的瓦斯、温度和电压等传感器的信息。当这些数据超过系统设置的阈值时，系统会自动报警提示，如图 5-16 所示。

根据矿工或矿车运行的历史数据，应用.NET 编程可模拟实现矿工或者矿车的运行轨迹，进而可以分析矿工设备的运行过程、井下采掘状况等。图 5-17 为主程序时序图，图 5-18 为运行轨迹效果图。

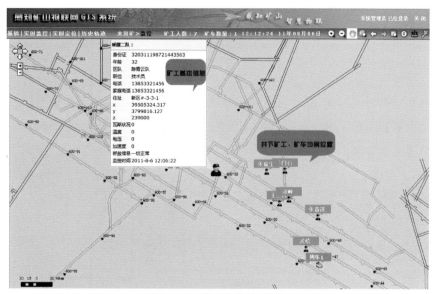

图 5-15　井下定位效果图

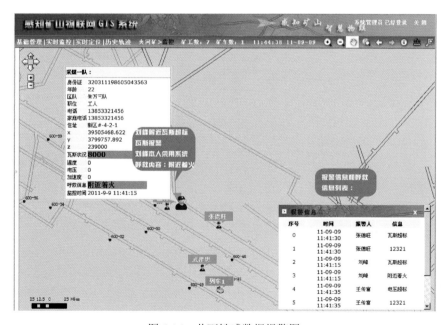

图 5-16　井下敏感数据报警图

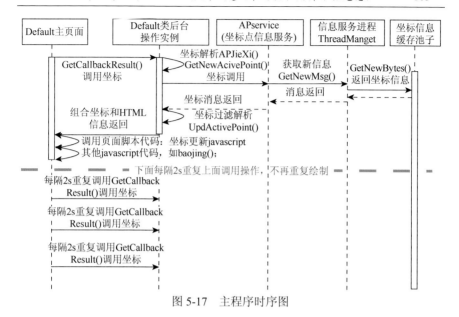

图 5-17 主程序时序图

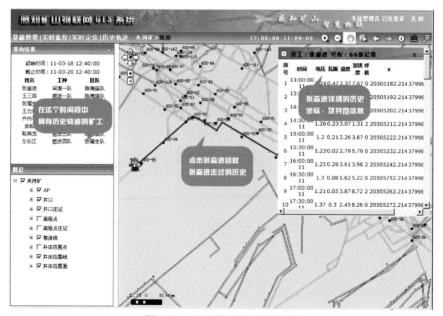

图 5-18 历史轨迹重现效果图

5.4　本　章　小　结

　　本章在分析物联网和矿山物联网现状的基础上，研究了煤矿"地下一张图"框架下煤矿区物联网井下信息感知关键技术，在探讨无线实时定位技术和自定义 UDP 原理的基础上，设计了 MIOTGIS 的 4 层结构、网络部署和数据库 E-R 模型，基于.NET 平台开发了井下人员和设施的实时定位功能和历史轨迹再现功能，实现了矿产资源采掘跟踪、越层越界非法开采监控等矿山地下资源全过程、全方位远程精细化透明管理。

第6章 煤矿区"一张图"综合监管决策平台实现

　　煤矿区"一张图"综合监管决策平台是在统一的数据组织和数据模型下,对矿区土地的权属、规划、土地利用状况、破坏情况和矿区公共设施等"地籍"信息与矿产资源的矿业权、地质环境、矿产储量和矿产开发状况等"矿籍"信息协同管理,实现对矿区范围的土地利用和矿产资源开发的实时动态监测,为有效保护矿产资源,集约利用土地资源,实现矿区土地和矿产资源管理业务审批、资源监管和宏观决策提供统一的数据和技术保障。本章讨论平台建设总体架构、"一张图"统一数据组织模型和数据中心设计等问题,给出"一张图"综合监管决策平台在沉陷、资源压覆及村庄搬迁分析和越层越界预警中的应用实例。

6.1 平台建设总体架构

　　煤矿区"一张图"综合监管决策平台是以政策、法规和标准等为保障,以计算机网络和硬件设施为基础,采用 B/S 与 C/S 结合的双构架模式,建立以 GIS 系统为平台,以 Web 技术为依托的集地政、矿政和决策分析于一体的综合管理平台。平台以煤矿区土地和矿产资源综合数据为数据源,在数据中心和数据交换体系的支持下,开展土地管理(地政业务)和矿产资源管理(矿政业务)建设,包括土地调查、基本农田管理、土地利用规划、土地征收、土地储备、土地市场、土地供应、矿山企业信息管理、采矿权和探矿权管理、资源补偿费征收等,通过国土资源行业内网网站和外网网站,形成对行政管理、其他行业部门和公众的应用与数据共享服务,总体架构如图 6-1 所示。

　　"一张图"框架中,地政管理和矿政管理绝大部分业务都依赖地理空间信息,因此,业务管理信息可分为空间信息与属性信息两类。根据这两类信息的特性和综合业务需求，系统框架设计在面向对象、面向服务的核心设计理念下进行，将空间信息和属性信息有机结合又有效分离，使得两者可以各自独立发展而又相互关联，从而满足不同业务应用的要求，实现专题系统与政务系统的有机统一。

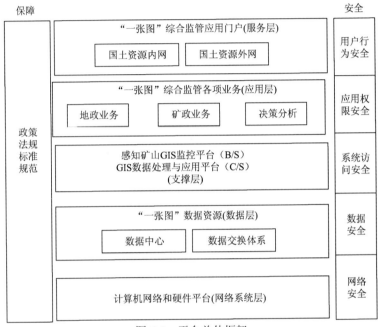

图 6-1　平台总体框架

系统采用面向构件的 RAD 模式开发。一个构件系统是能够提供一系列可复用特性的一个系统产品。这些特性被实现成相互依赖相互连接的众多构件，包括众多的类型、软件包、文档。系统的基础构件有如下 3 个。

（1）数据处理平台。应用 ArcEnginc 开发平台研制 GIS 数据综合处理系统，支持多源多格式数据的采集、检查、整理、变更和入库，并支持各种关系数据库对海量数据进行存储与管理。

（2）GIS 应用平台。基于 ArcEngine 核心技术研制开发的一体化的 GIS 桌面应用系统，可以实现对空间数据和属性数据的浏览、编辑、查询、统计、分析和输出等操作。同时支持组件化管理，功能模块自由搭建，可以针对不同行业的应用要求构建行业专题应用软件系统。

（3）图形发布平台。基于 ArcServer 研制开发的 WebGIS 平台，客户端通过 Web 浏览器实现地图的浏览、查询、统计、图属互查和预警分析等功能。

具体来讲，"一张图"综合监管决策平台核心系统采用多层构架体系搭建。其中，底层采用大型关系数据库进行基础地理、土地资源、矿产资源和物联网感知信息等海量数据的存储与交换；中间层通过业务逻辑组件进行逻辑处理，基于 COM 组件技术，利用 ArcEngine 图形平台基础进行功能模块的组建，通过 ArcSDE 数据引擎实现地面和地下空间数据的索引；界面表现层上则通过 C/S 或 B/S 的模式展现用户接口，C/S模式下可以实现数据编辑、土地信息管理、矿山信息管理和决策分析，B/S 的模式通过 WiFi RTLS、RFID、GPRS 和 Web 等技术，实现感知矿山远程动态监测。业务系统核心技术如图 6-2 所示。

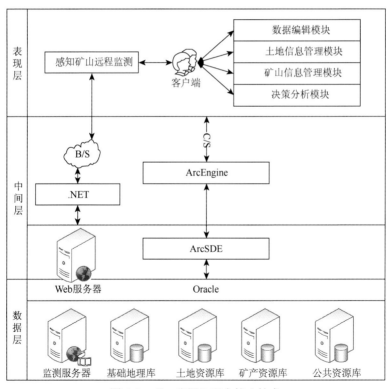

图 6-2　"一张图"平台核心技术

6.2 "一张图"统一数据组织和系统功能设计

6.2.1 数据库组织模型

"一张图"数据库的建设以数据充分共享、相互支持为目标，根据各业务系统的内容和各业务系统间的业务、数据衔接关系，进行数据库结构统一设计，使业务系统间的数据冗余度最小，数据共享度最大。全面建立、整合和完善基础地理、土地和矿产各类基础数据库，建成市、县两级国土资源数据中心，为土地和矿产资源管理与服务的信息化提供数据基础。其包括基础地理数据库（含基础地理空间库和影像数据库）、地矿政务数据库（土地规划、土地利用现状、土地权属、征地、储备、供地、矿产资源、地质环境、土地开发复垦、执法监察和塌陷地等）。"一张图"核心数据库的组织关系、数据类型和组织模式分别见图6-3和表6-1。

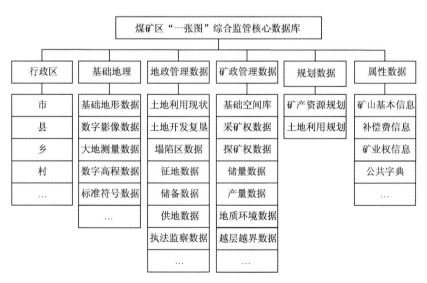

图 6-3 "一张图"核心数据库内容

表 6-1　数据库表

序号	数据库名称	数据类型	组织模式
1	基础地理数据库	基础数据	数据整合
2	土地利用现状数据库	基础数据	数据整合
3	遥感、航测影像数据库	基础数据	数据整合
4	规划数据库（土地利用规划、矿产规划等）	管理数据	数据整合
5	土地开发整理数据库（耕地后备资源）	管理数据	数据建库
6	征地数据库	管理数据	数据建库
7	储备数据库	管理数据	数据建库
8	土地供应数据库	管理数据	数据建库
9	执法监察数据库（含矿产）	管理数据	数据建库
10	矿产资源基本信息数据库	基础数据	数据建库
11	矿权数据库	管理数据	数据建库
12	储量数据库	管理数据	数据建库
13	产量数据库	管理数据	数据建库
14	地质环境管理数据库	管理数据	数据建库
15	越层越界数据	管理数据	数据建库

1. 基础地理数据库

基础地理数据库是土地资源和矿产资源业务管理数据库中的重要组成部分，是数据库建立的空间定位基础。基础地理信息将土地资源和矿产资源信息在空间上统一起来。基础地理数据库包括基础地形数据库、数字影像数据库、大地测量数据库、行政单元数据库、数字高程数据库和标准符号数据库。

基础地形数据库包括水系、居民地及设施、交通、管线、境界及行政、矿区边界、地貌、植被与土质、地名等按照国家标准分类，并且按照一定的规则进行采集数据建成的数据库。

数字影像数据库是航空、航天影像或卫星遥感影像数据经过辐射校正、几何校正后形成的数据，能形象地表达地面的土地利用现状，同时现势性强，利用 ArcServer 建立瓦片数据并且发布多个年度不同类型的影像服务，能够在第一时间展现出土地的变化情况。

大地测量数据库包括各类的测量控制点，如三角点、水准点、天文点、GPS 点的图形和属性信息。

数字高程模型是按照一定的格网间隔采集地面高程而建立的规则格网高程数据库，可以利用已采集的矢量地貌要素（等高线、高程点）和部分水系要素作为原始数据，进行数学内插获得。

标准符号数据库存储了各数据库中所需要的符号信息，方便图形渲染。具体包括点符号、线符号、面符号、注记符号和字体库等。

行政单元数据库主要包括行政区域界限，如乡界、镇界、县界、区界、市界和矿区边界等。

2. 地政管理主要数据库

1）土地利用现状数据库

土地利用现状数据库是通过土地利用现状调查获得的，包括土地利用空间库（地类图斑、线状地物、零星地物和地类界线）和报表属性库。

2）土地开发复垦数据库

土地开发复垦数据库包括土地整理开发复垦空间库（开发整理潜力属性、开发整理规划区域和开发复垦整理活动）和土地整理开发复垦属性库（土地开发整理补充耕地区域平衡表、土地开发整理规划结构调整表、土地开发整理前后对照表、土地开发整理补划建设项目平衡表和开发整理文本信息）。

3）征地数据库

征地数据库包括征收空间库（土地征收层）和征收属性库（征收面积分类表、征收费用分类表和征收文本信息）。

4）储备数据库

储备数据库包括储备空间库（计划储备层和实际储备层）和储备属性库（储备调查表、调查图斑信息和土地收储成本）。

5）供地数据库

供地数据库包括供地空间库（供地层）和供地属性库（出让金缴

纳情况表、界址点信息、建设用地信息、地类面积明细、地类面积说明、代征用地面积、供地文本信息、项目巡查信息、支付方式和界址点成果)。

6)执法监察数据库

执法监察数据库包括违法用地空间库(违法用地项目)和违法用地属性库(违法用地文本信息、违法案件勘测信息、违法案件调查、违法案件信息、违法案件处罚信息、违法案件询问笔录和违法案件结案信息)。

7)土地利用规划数据库

土地利用规划数据库包括规划基础信息(面状基础设施、线状基础设施、点状基础设施、主要矿产储藏区、蓄滞洪区和地质灾害易发区)、土地规划要素(土地利用功能区、土地规划地类、基本农田集中区、基本农田调整区、建设用地管制区、面状重点建设项目、线状重点建设项目、点状重点建设项目、土地整治区、面状重点整治项目、线状重点整治项目和点状重点整治项目)和土地利用规划属性库(土地利用结构调整指标,耕地保有量规划指标数据结构,建设用地控制指标数据结构,土地整理、复垦、开发面积指标数据结构,重点建设项目用地规划指标数据结构,土地用途分区面积指标数据结构,各类用地平衡指标数据结构,规划指标的调整记事和基本农田保护指标)。

3. 矿政管理数据库

1)矿产资源数据库

矿产资源数据库包括矿产资源基础空间库(井下测量控制点、巷道、井巷工程点、井巷工程线、地质勘探点、地质勘探线、地质勘探面、储量辅助点、储量辅助线、控制点注记、井注记、井注记点、地质勘探注记点、地质勘探注记、工作面注记、储量块段注记和储量块段注记点)、矿产资源管理空间库(采空区、工作面、储量块段、塌陷区和矿业权界)和属性库(矿山企业信息、矿山基本信息、各矿负责人信息、矿山设计信息、矿界拐点坐标、矿山设计变更信息、开发利用方案、采矿权评估、探矿权、工作面信息、工作面拐点坐标、矿山费用信息、采区信息、矿山开采情况、矿体信息、矿山越层越界信息、采区回采率、工作面回采率、选矿回收率、采矿权登记、储量检测、损失量信息、储量报告评估、储量块段信息、三项压覆、煤层及储量信息、储量变更信息和损失量变更信息)。

2) 地质灾害

地质灾害包括地质灾害点空间信息、属性信息。塌陷地包括塌陷地的分布范围、面积、权属、积水深度、开采稳沉情况和地质条件等相关数据。

6.2.2 "一张图"实体要素分类

"一张图"数据实体要素采用分类编码组织方式,根据分类编码通用原则,依次按大类、小类、一级类、二级类、三级类、四级类,分类代码采用十位数字层次码组成,其结构如表 6-2 所示。

表 6-2 数据库要素分类与编码规则

X X	X X	X X	X X	X	X
大类码	小类码	一级类要素码	二级类要素码	三级类要素码	四级类要素码

其中,①大类码为专业代码,设定为两位数字码,其中,基础地理专业为 10,土地信息专业为 20;小类码为业务代码,设定为两位数字码,空位以 0 补齐。一至四级类码为要素分类代码,其中,一级类码为两位数字码、二级类码为两位数字码、三级类码为一位数字码、四级类码为一位数字码。②基础地理要素的小类码、一级类码、二级类码引用《基础地理信息要素分类与代码》(GB/T 13923－2006)中的基础地理要素代码结构与代码。三级类码和四级类码为扩充类码,为各省份或自治区定义的编码,不足或未定义以 0 补齐。③各要素类中若含有"其他"类,则该类代码直接设为"9"或"99"。

按照要素分类和编码规则,"一张图"综合管理信息平台数据库的编码表如表 6-3 所示。

表 6-3　数据库要素分类与编码规则

大类名称	大类代码	序号	小类名称	小类代码
基础地理	10	1	定位基础	01
		2	水系	02
		3	居民地和设施	03
		4	交通	04
		5	管线	05
		6	境界与行政区	06
		7	地貌	07
		8	植被与土质	08
土地和矿产资源	20	9	土地利用	01
		10	土地利用遥感监测（栅格数据）	02
		11	土地利用规划	03
		12	土地开发整理规划要素	04
		13	基本农田	05
		14	土地权属要素	06
		15	农用地分等要素	07
		16	供地要素	28
		17	地价要素	29
		18	土地市场要素	30
		19	土地储备管理要素	31
		20	土地征用要素	32
		21	土地监察要素	33
		22	土地勘测界定要素	34
		23	矿产资源管理	40
		24	地质环境管理	41
		25	其他要素	99

6.2.3　数据中心建设

"一张图"数据中心建设内容包含网络基础系统、数据存储系统、数据管理系统、数据服务系统、数据挖掘支持系统和数据交换体系 6 个组成部分。图 6-4 为数据中心的逻辑结构图。

（1）网络基础系统提供网络接入、本级核心网络系统和本级及其下级的网络管理功能。

（2）数据存储系统包括数据库管理系统和文件管理系统，提供对各类数据的存储、备份、恢复和迁移等基础功能。

（3）数据管理系统提供数据的检查、整合、数据入库和更新维护等功能，做到数据库的实时更新和所有业务的"以图管地"、"以图管矿"。

（4）数据服务系统提供数据目录、数据服务目录、元数据和发布数据等功能。

（5）数据挖掘支持系统完成数据的主题分析，主题统计，数据挖掘、输出、决策服务等功能。

（6）数据交换体系提供数据提取、数据发送、数据接收、数据转换和数据传输等方面的功能。

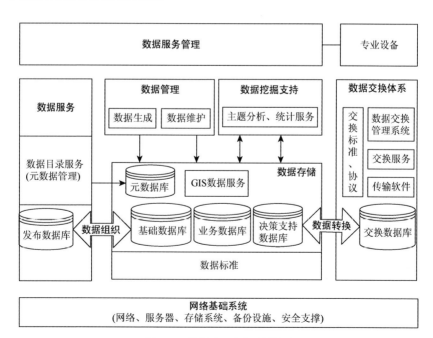

图 6-4　数据中心逻辑结构图

数据中心建设采用 "混合式建设模式"，该模式是 "集中式模式" 与 "分布式模式" 的综合运用。以矿业城市徐州为例，除市国土资源局数据中心外，还有多个县区国土资源分数据中心，县区分中心存放共享数据和独用数据。其中共享数据定期或不定期地与市局数据中心进行交换，以保持数据的更新；独用数据在上级业务审批时，采用文件传输、中间件、XML 等技术进行交换，保持数据的更新。数据中心示意图见图 6-5。

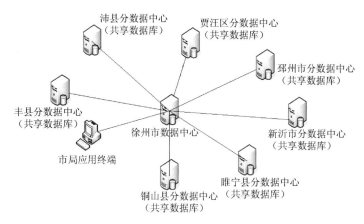

图 6-5 混合式数据中心示意图

县市级数据中心数据库逻辑关系图如 6-6 所示。图中蓝色部分数据库为共享数据，各县区级建设完成后，汇交到市局，会同市级管理的数据，建立市级数据中心数据库；黄色部分数据库为独用数据，各区县和市局独立管理使用。

6.2.4 系统功能设计

平台实现了徐州矿务集团夹河煤矿地面和地下数据的 "一张图" 管理，提供按行政区域、矿山、煤层和工作面等多方式空间数据检索，系统分为图形处理模块、矿山基本信息管理模块、土地信息管理模块和决策分析模块等模块。其中，图形处理模块对数据进行加工、处理和入库，

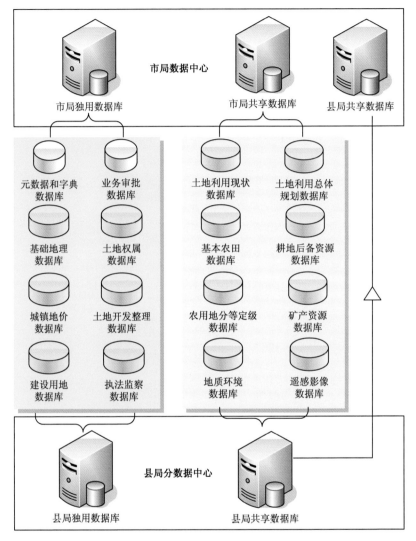

图 6-6 县市级数据库逻辑关系图

负责日常数据的变更和维护；矿山基本信息管理模块包括针对矿山分布、井田边界、采矿权、探矿权、矿产资源规划、回采率和采掘现状等信息的管理，还包括储量计算、矿产资源补偿费管理及日常图件输出和报表

统计输出；土地信息管理模块主要是管理土地资源，包括土地利用规划
管理、土地利用现状管理、土地征收管理和土地复垦管理等；决策分析
模块包括沉陷分析、越层越界预警预报、村庄搬迁分析和压覆矿产分析
等功能。图 6-7 和图 6-8 为煤矿区"一张图"综合监管平台的系统界面
和功能结构图。

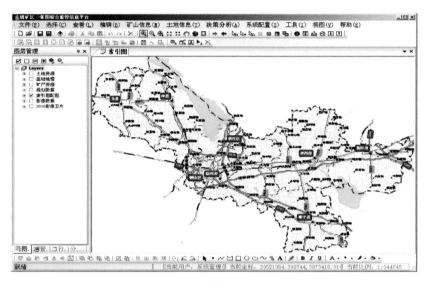

图 6-7 系统界面图

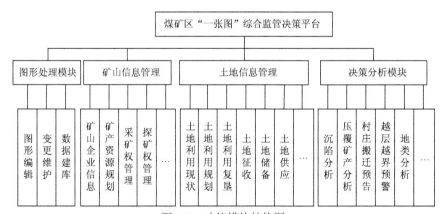

图 6-8 功能模块结构图

6.3　煤矿区"一张图"综合监管决策平台应用

6.3.1　研究区概况

夹河煤矿权属徐州矿务集团有限公司,位于徐州市西北九里区境内,距徐州市约 11km,矿区面积为 25.0867km²。该矿所在区域为故黄河泛滥形成的冲积平原,地势较为平坦,地面标高一般为+37.0~+43.0m,西南略低,地形坡度为 1.5‰,如图 6-9 所示。

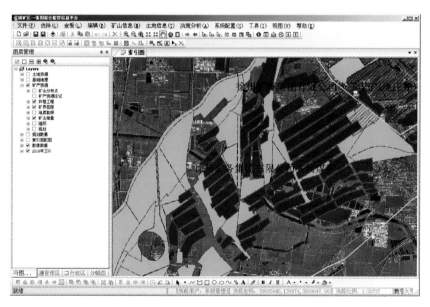

图 6-9　夹河矿位置图

1)地质特征

夹河井田位于徐州复背斜九里山向斜南翼中段。井田总体为走向略有变化的单斜构造,地层总体走向北东、倾向北西,倾角 15°~35°,但地层产状沿走向、倾向变化较大,特别是 F1 号断层上下两盘地层产状变化较大。各组地层的生成层序、沉积古地理环境和岩性特征各有差异。

按其沉积顺序如下：中石炭统本溪组（C2b）、上石炭统太原组（C3t）、下二叠统山西组（P1s）、下二叠统下石盒子组（P1x）、上二叠统上石盒子组（P2s）、上二叠统石千峰组（P2sH）、第四系（Q）。井田内无大型褶皱，共发育大中型断层 21 条，其中落差不小于 100m 的断层 4 条，未发现岩浆岩侵入。

2）矿体特征

井田内含煤地层为石炭、二叠系。有 3 个含煤组，自下而上为上石炭统太原组（C3t），下二叠统山西组（P1s）和下石盒子组（P1x）。2 煤全区可采，1 煤局部可采；7 煤全区可采，8、9 煤为局部可采，10 煤为不可采煤层；中 20、21 煤为全区可采薄煤层。总体上讲，1、2、7、9 煤，其煤厚沿走向在 23 线附近向东西两侧发生分异，西部煤层较薄，东部煤层较厚。太原组 20、21 煤除了在 18～23 线中部发育较好外，其他区域沉积较差。井田煤层稳定程度类别为 II 类，为煤层较稳定型井田，截至 2008 年 12 月 31 日，夹河煤矿保有资源储量 55573千吨。

3）勘查开发情况

夹河煤矿原称桃园煤矿（1971 年改名为夹河煤矿），由原华东煤矿设计院设计，年设计生产能力为 45 万吨。主井井深 355.421m，副井井深334.991m，1969 年 10 月正式投产。随着矿井开拓布局的调整和生产系统全面技术改造的逐步完成，矿井生产能力不断提高，现实际生产能力达 170万吨／年以上。目前生产水平确定为第一水平——280m，第二水平——450m，第三水平——600m，第四水平——800m，第五水平——1000m 和第六水平——1200m。

6.3.2　煤矿区"一张图"综合监管决策应用

夹河煤矿区国土资源管理在空间上涉及两个层面，一是地表和地表以下矿产资源的管理，二是地表的土地管理。煤矿区综合监管决策平台通过对土地管理要素与矿产资源管理要素的分析，以矿山企业为数据管理单元，构建地矿一体的空间数据组织模式，实现土地资源管理要素与矿产资源要素在立体空间上的有效衔接，以此为纽带，将国土资源行政管理部门（国土资源局）与矿山企业密切结合，利用"一张图"综合监管决策平台作为矿区国土资源管理的基本技术支持，将矿山地面与井下多种图件的内容综合、分层表达、要素提取统一处理，实现地面与地下管理一体化，同时，可以实现对矿产资源开发状况的实时动态监测、越层越界开采和资源破坏的超前预警和土地塌陷破坏的预计预警等，保证土地资源和矿产资源的优化配置和协调开发利用。

　　夹河煤矿"一张图"综合监管决策平台在徐州市第二次土地调查和矿业权核查的成果基础上，采用 GIS、物联网和分布式数据库等技术手段，构建了 B/S 与 C/S 双构架综合监管模式。如图 6-10 所示，矿山监测设备通过无线实时定位和 GPRS 进行数据传输，矿山企业也可通过因特网定期提交数据，系统对接收到的数据进行处理加工后更新数据库，实现了矿区资源开发状况的 B/S 实时动态监测、越层越界开采和沉陷预计等资源破坏的超前预警等功能。矿区地表变化信息、沉降信息及其他地政和矿政信息，通过 C/S 模式在市、县国土资源相关业务科室进行日常管理和综合决策，如将矿产资源规划和土地利用规划等计划数据纳入系统，可以为项目用地压覆矿产资源预审、村庄搬迁预警等提供参考依据，从而提高煤矿区土地和矿产资源优化配置和协调开发调控的水平。图 6-11 为夹河矿"一张图"综合监管平台。

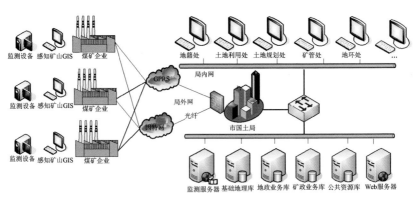

图 6-10　夹河煤矿"一张图"综合监管示意图

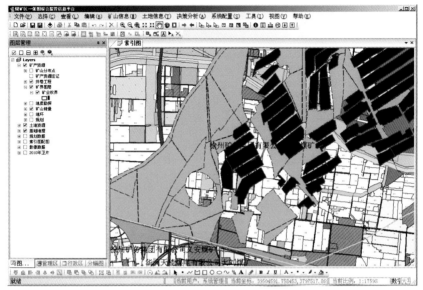

图 6-11 夹河煤矿地上下"一张图"示意图

1. 沉陷分析

地下矿山开采不可避免地会对地表土地及其建（构）筑物产生破坏影响。根据概率积分法预测模型，通过输入开采工作面下沉系数、煤层厚度、煤层倾角、工作面长度和宽度、上下山采深、主要影响角正切等参数，计算出工作面的开采对地表破坏的沉陷范围和下沉值，将预计结果与土地利用现状图相交分析，可以汇总出沉陷范围内地面各地类情况。图 6-12 为沉陷分析流程图，图 6-13 为开采沉陷预计结果，图 6-14 为沉陷范围与土地利用现状图相交分析后汇总的地类情况。

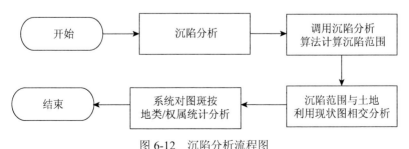

图 6-12 沉陷分析流程图

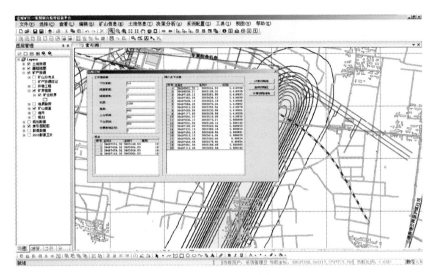

图 6-13　沉陷分析预计结果

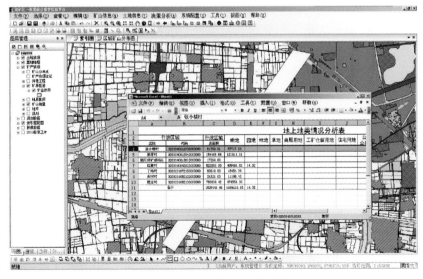

图 6-14　沉陷范围内地面地类情况

2. 矿产资源压覆分析

矿产资源压覆是指因建设项目实施后导致的矿产资源不能开发利用的情况。我国在《矿产资源法》中明确规定:"在建设铁路、工厂、水库、输油管道、输电线路和各种大型建筑物或者建筑群之前,建设单位必须向所在省、自治区、直辖市地质矿产主管部门了解所在地区的矿产资源分布和开采情况。"系统根据已初步选定的建设或规划项目的范围和路径,按照统筹兼顾矿产资源的保护和建设或规划项目的实施,避免压覆或尽可能少压覆矿产资源的原则,对建设、规划项目范围及周边地区一定范围内的矿产资源分布和开采利用情况进行分析评价,为主管部门提供辅助决策。图6-15和图6-16分别为压覆分析结果和压覆分析流程图。

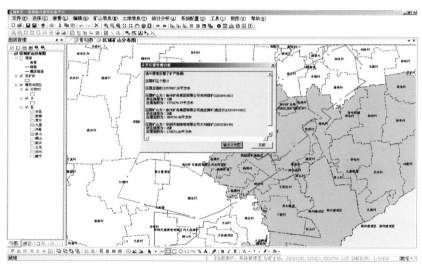

图6-15　矿产压覆分析结果

3. 村庄搬迁分析

在华东地区,煤炭后备资源40%的可采储量被村庄压覆,村庄压煤量大、矿群关系紧张等严重影响煤矿企业和地方的持续发展。村庄搬迁能最大限度解放压煤资源,解决矿群纠纷,有利于农村城镇化建设进程。村庄搬迁方案是否可行受多种因素的影响,如地质条件、房屋损害程度和压煤量等，还包括其他社会和环境方面的因素，如新村庄选址要按照不压覆可采煤炭资源、符合土地利用总体规划和有利于节约用地、优先利用非耕地等原则。村庄搬迁分析模块根据沉陷分析预计结果，将塌陷预计范围和基础地形图中村庄图层叠加分析，同时通过关联各地村庄搬迁标准，可以统计汇总拟搬迁村庄户数和赔偿标准，为地方政府提供决策分析。图 6-17 为村庄搬迁分析流程图，图 6-18 为村庄搬迁模块分析结果。

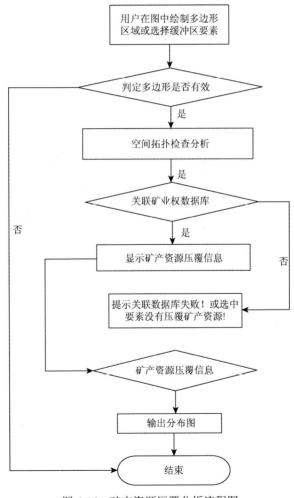

图 6-16　矿产资源压覆分析流程图

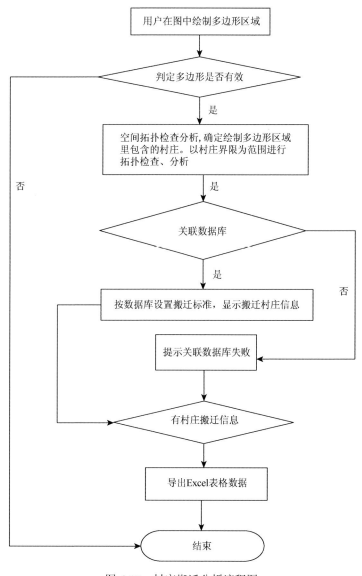

图 6-17　村庄搬迁分析流程图

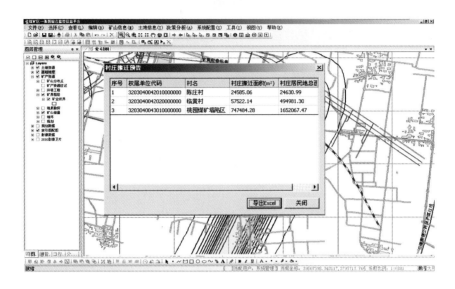

图 6-18　村庄搬迁模块分析结果

4. 越层越界预警

在矿山开采中，如果掘进巷道越过了本矿山的边界，则称为越界。越界开采可能引起两个矿山之间的经济纠纷和责任纠纷，严重的情况可能因为不了解相邻矿山的地质情况而造成重大的安全事故。通过感知矿山 GIS 技术可以对矿工人员定位或者矿车定位，如果矿工或矿车所处位置超出井田范围，则说明存在越层越界开采活动。分析"采掘工程平面图"中的掘进巷道图层中的巷道开采情况，如果存在即将越界的巷道或者工作面，则在系统中突出显示该巷道或工作面，提示监管部分，避免发生越界情况。图 6-19 为越层越界预警模块效果图，图 6-20 为该功能实现的流程图。

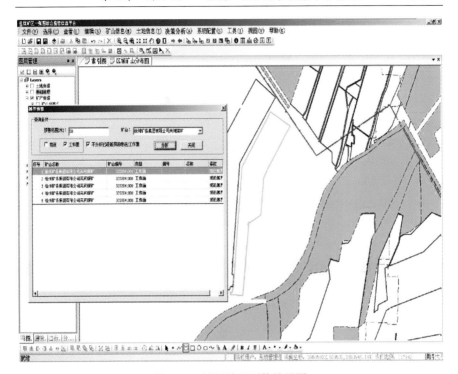

图 6-19　越层越界预警效果图

6.4　本 章 小 结

    本章整合集成了矿区土地权属、土地规划、土地利用状况、土地复垦等 "地籍" 信息与矿产资源的矿业权、矿产资源规划、矿产储量、矿产开发状况等 "矿籍" 信息，通过实体要素分类编码和市县两级数据中心建设实现海量数据的统一组织，建立了煤矿区土地和矿产资源 "一张图" 核心数据库。同时，以计算机网络和硬件设施为基础，采用 B/S 与 C/S 相结合的双构架模式，建设了以 GIS 系统为平台，以 Web 技术为依托的集地政、矿政、决策分析于一体的煤矿区 "一张图" 综合监管决策平台，实现了矿区土地和矿产资源管理资源监管和宏观决策。

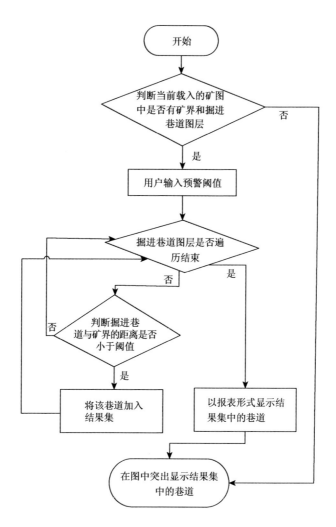

图 6-20 越层越界预警流程图

第7章 结论与展望

国土资源部门推进的煤矿区"一张图"建设工程，对保证煤矿区土地利用和煤炭资源开发相协调、资源开发与环境保护相协调尤为重要，但同时又存在诸多问题。本书在国家科技支持计划项目"国产测图卫星数据处理与应用示范"、国家自然基金项目"煤炭开发对矿区资源环境的影响模型及其应用研究"、国家环保部公益性行业专项项目"煤炭井工开采的地表沉陷监测预报及生态环境损害累积效应研究"、国土资源部百名优秀青年科技人才计划"矿区土地与矿产资源一体化管理的理论与方法研究"和国土资源部公益性行业专项"煤矿区国土资源管理一张图关键技术开发与集成示范"等项目的支持下，围绕煤矿区"一张图"建设中的数据获取、核心数据库和综合监管决策平台开发及应用，以皖北钱营孜煤矿、神东矿区和徐州夹河矿为例，按应用主导、着眼前沿原则，综合运用跨学科交叉集成方法，对矿区地表信息遥感获取、矿区地表沉降信息 InSAR 获取、物联网井下信息感知和矿区"一张图"综合监管决策平台构建等关键技术问题进行了系统探讨，取得了一系列研究成果。

7.1 主要研究结论

（1）根据煤矿区"一张图"按照"三位一体"（"地上一张图"、"地面一张图"和"地下一张图"）的建设思路，以"地矿一体、全域覆盖"为理念，系统剖析了煤矿区矿产资源管理和土地资源管理"一张图"综合监管的内涵、特征和框架。

（2）针对煤矿区"地上一张图"建设特点，研究了面向"地上一张图"的矿区地表信息遥感获取问题，涉及实现多源信息利用与互补的数据源选择，信息融合、分析与评价的技术路线，基于遥感的矿区土地利用/覆盖的空间格局分类与动态变化信息获取和分析技术，并以钱营孜煤矿和神东矿区分别为研究区进行分析试验，确定了最优影像融合处理方法，矿区按 1∶2000 大比例尺地形图更新的可行性，以及土地利用/覆盖的空间格局分类与动态变化。

（3）针对煤矿区开采沉陷特点，探讨了 D-InSAR 二轨法地表沉降监测的技术流程，并根据钱营孜矿试验数据对比分析了水准测量与 D-InSAR 获取地表形变的精度，根据大同云岗矿 2008 年 12 月 28 日～2009 年 12 月 23 日的 11 景 ENVISAT ASAR 影像，按照二轨法采用相同时间基线组合（35d）两两差分共得到 10 幅干涉图，建立了样本点基于时间和形变值的形变非线性回归模型，从而可反演研究时段内任意时刻内该区域的下沉值，为分析整个区域的地面沉降场时空演化规律提供了依据。

（4）围绕煤矿区"地下一张图"建设，利用 GIS、物联网等信息手段，在分析物联网和矿山物联网现状的基础上，研究了煤矿物联网井下信息感知关键技术，探讨了无线实时定位技术（WiFi RTLS）、自定义 UDP 数据包传输和处理方式，分析了 MIOTGIS 的工作原理，构建了基于感知层、网络层、数据层和应用层的 MIOTGIS 四层结构模式，设计了感知矿山网络部署和数据库 E-R 模型，基于.NET 平台开发了井下人员和设施的实时定位功能和历史轨迹再现功能，实现了矿产资源采掘跟踪、越层越界非法开采监控等矿山地下资源开采全过程、全方位远程精细化管理。

（5）通过融合煤矿区地上、地表、地下多源信息，整合集成了矿区土地权属、土地规划、土地利用状况、土地复垦等"地籍"信息与矿产资源的矿业权、矿产资源规划、矿产储量、矿产开发状况等"矿籍"信息，分析了实体要素分类编码和市县两级数据中心建设方式，实现了煤矿区土地和矿产资源"一张图"的统一数据组织，建立了矿地"一张图"核心数据库，实现了数据整合、分层存储、集中管理和分布式应用。同时，以计算机网络和硬件设施为基础，采用 B/S 与 C/S 相结合的双构架模式，建设了以 GIS 系统为平台，以 Web 技术为依托的集地政、矿政和决策分析于一体的煤矿区"一张图"综合监管决策平台，实现了矿区土地和矿产管理资源监管和宏观决策。

7.2　展望与设想

（1）理论研究有待进一步总结和深入。由于时间有限和遥感等数据积累不足，本书主要借助地理信息科学、信息论、物联网和开采沉陷等多学科的概念和知识，构造了煤矿区"一张图"综合监管的表征框架，这些框架模型的适用性和作用机理有待逐步揭示、改进或完善。

（2）本章基于矿区地面沉陷 SAR 时空变化数据，建立了非线性回归模型，提取了地面下沉值，但对这些沉降量值与地下工作面的开采对应关系的分析和预测研究还不够深入，这是下一步研究中需要考虑的问题。未来随着 D-InSAR 数据处理技术的不断发展和完善，加之越来越多高分辨率合成孔径雷达卫星的发射，这一技术在矿区地面沉陷监测和信息提取中的众多问题需要进行深入研究。

（3）煤矿区"一张图"综合监管的普适性。由于受数据不足的限制，本书未能结合一个典型矿区将所有技术方法进行综合应用。下一步将结合国土资源公益性行业科研专项"煤矿区国土资源管理一张图关键技术开发与集成示范"，针对典型煤矿基地国土资源矿政、地政协调管理的实际需求，将涉及相关技术方法进行集成、综合运用，形成成套技术和示范实例。

参 考 文 献

[1] 吴虹，杨永德，王松庆. Quickbird-2 & SPOT-1 矿山生境遥感调查试验研究. 国土资源遥感，2004，4：46-49.

[2] 李成尊，聂洪峰，汪劲，等. 矿山地质灾害特征遥感研究. 国土资源遥感，2005，1（63）：45-48.

[3] 王瑜玲，刘少峰，李婧，等. 基于高分辨率卫星遥感数据的稀土矿开采状况及地质灾害调查研究. 江西有色金属，2006，20（1）：10-14.

[4] 雷国静，刘少峰，程三友. 遥感在稀土矿区植被污染信息提取中的应用. 江西有色金属，2006，20（2）：1-5.

[5] 杨圣军，赵燕，吴泉源，等. 高分辨率遥感图像中采矿塌陷地的提取——以龙口矿区为例. 地域研究与开发，2006，25（4）：120-124.

[6] 于海洋，甘甫平，党福星. 高分辨率遥感影像波段配准误差试验分析. 国土资源遥感，2007，3（73）：39-42.

[7] 童庆禧，张兵，郑兰芬. 高光谱遥感——原理、技术与应用. 北京：高等教育出版社，2006.

[8] 李志忠，杨日红，党复星，等. 高光谱遥感卫星技术及其地质应用. 地质通报，2009，2（3）：270-278.

[9] Yamaguchi Y，Fujisada H，Kudoh M，et al. ASTER instrument characterization and operation scenario. Advances in Space Research，1999，23（8）：1415-1424.

[10] Burt P J，Kolczynski R J. Enhanced image capture through fusion. Proceedings of the 4th International Conference on Computer Vision，1993：173-182.

[11] Cecill C B，Tewal S. Coal extraction-environmental prediction. U. S. Geological Survey Fact Sheet 073-02，2002.

[12] Kuosmanen V，Laitinen J，Arkimaa H. A comparison of hyperspectral airborne Hymap and spaceborne Hyperion data as tools for studying the environmental impact of talc mining in Lahnaslampi，NE Finland. Proceeding of 4th EARSel Workshop on Imaging Spectroscopy，2005：397-401.

[13] Minekawa Y，Uto K，Kosaka N，et al. Salt-damaged paddy fields analyses using high-spatial-resolution hyperspectral imaging system. IGARSS2005，2005，3：2153-2156.

[14] Goovaerts P，Jacquez G，Marcus A. Geostatistical and local cluster analysis of high resolution hyperspectral imagery for detection of anomalies. Remote Sensing of Environment，2005，95：351-367.

[15] Vaughan R，Calvin W. Synthesis of high-spatial resolution hyperspectral VNIR/

SWIR and TIR image data for mapping weathering and alteration minerals in virginal city, Nevada. IGARSS2004, 2004, 2: 1296-1299.

[16] 周强, 刘圣伟, 甘甫平. 德兴铜矿矿山污染高光谱遥感直接识别研究. 中国地质大学学报, 2004, 29 (1): 119-126.

[17] 张杰林, 曹代勇. 高光谱遥感技术在煤矿区环境监测中的应用. 自然灾害学报, 2005, 14 (4): 158-162.

[18] 万余庆, 谭克龙, 周日平. 高光谱遥感应用研究. 北京: 科学出版社, 2006.

[19] 郑礼全, 卢霞. ASTER 遥感数据在矿区生态损害现状监测中的应用. 灌溉排水学报, 2007, 26 (4): 101-103.

[20] 程博, 王威, 张晓美, 等. 基于光谱曲线特征的水污染遥感监测研究. 国土资源遥感, 2007, 2: 68-70.

[21] 康高峰, 卢中正, 李社, 等. 遥感技术在煤炭资源开发状况监督管理中的应用研究. 中国煤炭地质, 2008, 20 (1): 13-16.

[22] 聂洪峰, 杨金中, 王晓红, 等. 矿产资源开发遥感监测技术问题与对策研究. 国土资源遥感, 2007, 74 (4): 11-13.

[23] Prakash A, Fielding E J, Gens R, et al. Data fusion for investigating land subsidence and coal fire hazards in a coal mining area. International Journal of Remote Sensing, 2001, 22 (6): 921-932.

[24] Mularz S C. Satellite and airbone remote sensing data for monitoring of an opencast mine. IAPRS1998, 1998, 32: 960-970.

[25] Ferretti A, Ferrucci F, Prati C, et al. SAR analysis of building collapse by means of the permanent scatterers technique. IGARSS2000, 2000, 7: 3219-3221.

[26] Ferretti A, Prati C, Rocca F. Permanent scatterers in SAR interferometry. IEEE Transactions on Geoscience and Remote Sensing, 2001, 39 (1): 8-20.

[27] Ng A H, Chang H, Ge L, et al. Radar interferometry for ground subsidence monitoring using ALOS PALSAR data. The International Archives of the Photogrammetry, Remote Sensing and Spatial Information Science, 2008, XXXVII: 67-74.

[28] Antony M, Paul S. Subsidence at the Geysers geothermal field, N. California from a comparison of GPS and leveling surveys. Geophysical Research Letters, 1997, 24 (14): 1839-1842.

[29] Winter E, Winter M, Beaven S, et al. Resolution enhancement of Hyperion hyperspectral data using Ikonos multispectral data. SPIE Conference on Remote Sensing for Environmental Monitoring, GIS Applications, and Geology VII, 2007, 6749: 255-266.

[30] Sanjeevi S. Targeting limestone and bauxite deposits in southern India by spectral

unmixing of hyperspectral image data. The International Archives of the Photogrammetry，Remote Sensing and Spatial Information Sciences，2008，XXXVII：1189-1194.

[31] 盛业华，郭达志，张书毕，等. 工矿区环境动态监测与分析研究. 北京：地质出版社，2001.

[32] 杜培军，胡召玲，郭达志，等. 工矿区陆面演变监测分析与调控治理研究. 北京：地质出版社，2005.

[33] 陈龙乾，郭达志，胡召玲，等. 徐州市城区土地利用变化的卫星遥感动态监测. 中国矿业大学学报，2004，33（5）：528-532.

[34] 雷利卿，岳燕珍，孙九林，等. 遥感技术在矿区环境污染监测中的应用研究. 环境保护，2002（2）：33-36.

[35] 甘甫平，刘圣伟，周强. 德兴铜矿矿山污染高光谱遥感直接识别研究. 地球科学，2004，29（1）：119-126.

[36] 陈华丽，陈刚，李敬兰，等. 湖北大冶矿区生境动态遥感监测. 资源科学，2004，26（5）：132-138.

[37] 杨忠义，白中科，张前进，等. 矿区生态破坏阶段的土地利用/覆被变化研究——以平朔安家岭矿为例. 山西农业大学学报，2004，23（4）：367-370.

[38] 陈旭. 遥感解译分析矿山开发对生态环境的影响. 资源调查与环境，2004，25（1）：13-16.

[39] 李振存，张峰，罗进选，等. ETM+SPOT 5 融合卫星影像在矿区水土流失调查中的应用. 中国水土保持，2006，12：50-51.

[40] 马保东，吴立新，刘善军. 煤矿区地表水体和固废占地变化的遥感检测——以兖州矿区为例//2007 年全国矿山测量学术年会论文集，2007：28-31.

[41] 卓义，于凤鸣，包玉海. 内蒙古伊敏露天煤矿生境遥感监测. 内蒙古师范大学学报（自然科学汉文版），2007，36（3）：358-362.

[42] 漆小英，晏明星. 多时相遥感数据在矿山扩展动态监测中的应用. 国土资源遥感，2007（3）：85-88.

[43] 许长辉，高井祥，王坚，等. 多源多时相遥感数据融合在煤矿塌陷地中应用研究. 水土保持研究，2008，15（1）：92-95.

[44] Wang Y J. Intelligent monitoring and early warning of mine disaster based on spatial information technologies. Proceedings of the Spatial Science Institute Biennial International Conference（SSC2007），2007：79-95.

[45] Wang Y J. Spatial decision systems of mining area's environment security. Mining Science and Technology，2004：123-129.

[46] Berry P，Pistocchi A. A multicriterial geographical approach for the environmental

impact assessment of open-pit quarries. Surface Mining, Reclamation and Environment, 2003, 17 (14): 213-226.

[47] Bongenaar R. GPS-based fault location on Netherlands railways. Eisenbahningenieur, 2007, 59 (5): 16-18.

[48] Chacón J, Irigaray C, Fernández T, et al. Engineering geology maps: landslides and geographical information systems. Bulletin of Engineering Geology and the Environment, 2006, 65 (4) : 341-411.

[49] Frunneau B, Achache J, Delacourt C. Observation and modeling of the Saint-Etienne-de-tinee landslide using SAR interferometry. Techtonophysical, 1996, 265: 181-190.

[50] Gabrysch R K, Neighbors R J. Measuring a century of subsidence in the Houston-Galveston Region, Texas, USA. Proceedings of the Seventh International Symposium on Land Subsidence, 2005, I : 379-387.

[51] Nakagawa H, Murakami M, Fujiwara S, et al. Land subsidence of the Northern Kanto Plains caused by ground water extraction detected by JERS-1 SAR interferometry. International Geosciences and Remote Sensing Symposium, 2000 (5) : 2233-2235.

[52] Hirose K, Maruyama Y, Murdohardono D, et al. Land subsidence detection using JERS-1 SAR Interferometry. Singapore: 22nd Asian Conference on Remote Sensing, 2001: 5-9.

[53] Ge L, Tsujii T, Rizos C. Tropospheric heterogeneities corrections in differential radar interferometry. 24th Canadian Symposium on Remote Sensing, 2002 (3) : 1747-9174.

[54] Chang H C, Ge L, Rizos C, et al. Validation of DEMs derived from radar interferometry, airborne laser scanning and photogrammetry by using GPS-RTK. IGARSS 2004, 2004 (5) : 2815-2818.

[55] Ge L, Chang H C, Qin L J, et al. Differential radar interferometry for mine subsidence monitoring. 11th FIG Symposium on Deformation Measurements. Santorini, Greece, 2003.

[56] Raucoules D, Maisons C, Carnec C. Monitoring of slow ground deformation by ERS radar interferometry on the Vauvert salt mine (France) -Comparison with ground-based measurement. Remote Sensing of Environment, 2003, 88 (4) : 468-478.

[57] Ge L, Rizos C, Han S, et al. Mining subsidence monitoring using the combined InSAR and GPS approach. Proceedings of the 10th International Symposium on

Deformation Measurements，International Federation of Surveyors（FIG），2001：1-10.

[58] Ge L，Chen H Y，Han S，et al. Integrated GPS and interferometric SAR techniques for highly dense crustal deformation monitoring. Proceedings of the 14th International Technical Meeting of the Satellite Division of the U.S. Institute of Navigation，2001：2552-2563.

[59] Ge L，Chang H C，Rizos C. Monitoring ground subsidence due to underground mining using integrated space geodetic techniques. ACARP Report C11029，2004.

[60] Cascini L，Ferlisi S，Fornaro G. Subsidence monitoring in Sarnourban area via multi-temporal D-InSAR technique. International Journal of Remote Sensing，2006，27（8）：1709-1716.

[61] Casu F，Manzo M，Lanari R. A quantitative assessment of the SBAS algorithm performance for surface deformation retrieval from D-InSAR data. Remote Sensing of Environment，2006，102：195-210.

[62] Manzo M，Ricciardi G P，Casu F. Surface deformation analysis in the Ischia Island （Italy）based on space-borne radar interferometry. Journal of Volcanology and Geothermal Research，2006，151：399-416.

[63] Perski Z，Hanssen R，Wojcik A，et al. InSAR analysis of terrain deformation near the Wieliczka salt mine，Poland. Engineering Geology，2009，106：58-67.

[64] 李德仁，周月琴，马洪超. 卫星雷达干涉测量原理与应用. 测绘科学，2000，25（1）：9-12.

[65] 刘国祥，丁晓利，陈永奇，等. 使用卫星雷达差分干涉技术测量香港赤腊角机场沉降场. 科学通报，2001，46（14）：1224-1228.

[66] 张红. D-InSAR 与 POLinSAR 的方法及应用研究. 北京：中科院遥感所，2002.

[67] 王超，张红，刘智，等. 基于 D-InSAR 的 1993-1995 年苏州市地面沉降监测. 地球物理学报，2002，45（增刊）：244-253.

[68] 王超，张红，刘智，等. 苏州地区地面沉降的星载合成孔径雷达干涉测量监测. 自然科学进展，2002，12（6）：621-624.

[69] 吴立新，高均海，葛大庆，等. 工矿区地表沉陷 D-InSAR 监测试验研究. 东北大学学报（自然科学版），2005，26（8）：778-782.

[70] 姜岩，高均海. 合成孔径雷达干涉测量技术在矿山开采地表沉陷监测中的应用. 矿山测量，2003（1）：5-7.

[71] 王行风，汪云甲，杜培军. 利用差分干涉测量技术监测煤矿区开采沉陷变形的初步研究. 中国矿业，2007，16（7）：77-80.

[72] 邓喀中，姚宁，卢正，等. D-InSAR 监测开采沉陷的实验研究. 金属矿山，2009，

12（7）：40-44.

[73] 范洪冬. InSAR 若干关键算法及其在地表沉陷监测中的应用[博士学位论文]. 徐州：中国矿业大学，2010.

[74] 盛耀彬. 基于时序 SAR 影像的地下资源开采导致的地表形变监测方法与应用 [博士学位论文]. 徐州：中国矿业大学，2011.

[75] 张申，丁恩杰. 物联网基本概念及典型应用. 工矿自动化，2011（01）：104-106.

[76] 张申，丁恩杰，徐钊，等. 感知矿山与数字矿山和矿山综合自动化. 工矿自动化，2010（10）：129-132.

[77] 张申，丁恩杰，徐钊，等. 感知矿山物联网的特征与关键技术. 工矿自动化，2010（11）：117-121.

[78] 张申，丁恩杰，徐钊，等. 感知矿山物联网与煤炭行业物联网规划建设. 工矿自动化，2010（11）：105-108.

[79] 张锋国. 感知矿山——物联网在煤炭行业的应用. 物联网技术，2011（5）：43-45.

[80] 赵文涛，董君. 物联网技术在煤矿中的应用. 微计算机信息，2011（02）：121-124.

[81] 孙继平. 煤矿物联网特点与关键技术研究. 煤炭学报，2011（01）：165-170.

[82] 钱建生，马姗姗，孙彦景. 基于物联网的煤矿综合自动化系统设计. 煤炭科学技术，2011（02）：73-76.

[83] 刘延岭. 基于物联网的煤矿人员定位系统解决方案. 煤矿机械，2011（5）：222-223.

[84] 孙彦景，钱建生，李世银，等. 煤矿物联网络系统理论与关键技术. 煤炭科学技术，2011（2）：69-73.

[85] 王军号，孟祥瑞. 物联网感知技术在煤矿瓦斯监测系统中的应用. 煤炭科学技术，2011（7）：64-69.

[86] Goulas G，Barkayannis V，Gianoulis S，et al. ERMIS：a helicopter taxi company software support system based on GPS，GSM and Web services. 2006 IEEE Conference on Emerging Technologies and Factory Automation，2006：20-22.

[87] Hoon J，Keumwoo L，Wookwan C. Integration of GIS，GPS，and optimization technologies for the effective control of parcel delivery service. Computers & Industrial Engineering，2006（51）：154-162.

[88] Oregan B，Moles R. The dynamics of relative attractiveness—a case study in mineral exploration and development. Ecological Economics，2004，49（1）：73-87.

[89] Peterson E，Heidrick T，Frost E. Software review. Computers & Geosciences，2007，33（2）：294-296.

[90] Rex L B，Jeffery A C，Jonathan W，et al. Regional landslide-hazard assessment for Seattle，Washington，USA. Landslides，2005，2（4）：266-279.

[91] Rizzo V, Tesauro M. SAR interferometry and field of Randazzo landslide (Easten Sicily, Italy). Physics and Chemistry of the Earth (B), 2000, 25 (9): 771-780.

[92] Thomas G, Malcolm A, Michael J C. Landslide Hazard and Risk. Hoboken: John Wiley&Sons, 2004: 1-40.

[93] Yang G J, Wu W B, Liu Q H, et al. Design and realization of land use change investigation system based on PDA. Journal of Liaoning Technical University (Natural Science Edition), 2007, 26 (4): 501-504.

[94] Lee S, Kim K. Ground subsidence hazard analysis in an abandoned underground coal mine area using probabisltic and logistic regression models. IGARSS2006, 2006: 1549-1552.

[95] Lee S, Choi W. Construction of geological hazard spatial DB and development of geological hazard spatial information system. International Geosciences and Remote Sensing Symposium (IGARSS), 2001, 4: 1693-1695.

[96] Li S, Dowd P A, Birch W J. Application of a knowledge and geographical information-based system to the environmental impact assessment of an opencast coal mining project. Surface Mining, Reclamation and Environment, 2003, 17 (14): 277-294.

[97] Mauro D D, Lorenzo B. MAP IT: The GIS software for field mapping with tablet pc. Computers & Geosciences, 2006 (32): 673-680.

[98] 徐旭辉, 杨武亮, 江兴歌, 等. 地理信息系统在无锡矿产资源管理信息中的应用. 江苏地质, 2000 (2): 105-108.

[99] 白万成, 臧忠淑. 基 ArcView GIS 的矿床定位预测系统简介. 地质与勘探, 2004 (5): 46-49.

[100] 陈练武, 陈开圣. 基于 MapGIS 的矿产资源管理系统. 西部探矿工程, 2003 (7): 76-80.

[101] 杨文森. 湖北省一张图管矿试点的研究与应用. 国土资源情报, 2010 (10): 70-72.

[102] 徐仁勇. 基于 SuperMap 的重庆市南川区矿政管理"一张图"试点研究. 国土资源情报, 2010 (10): 66-69.

[103] 黄俊. 柳州国土资源"一张图"管理系统设计与实现. 安徽农业科学, 2010 (20): 978-980.

[104] Chander G, Markham B. Revised landsat-5 TM radiometric calibration procedures and postcalibration dynamic ranges. IEEE Transactions on Geoscience and Remote Sensing, 2003, 41 (11): 2674-2677.

[105] Shaban M A, Disshit O. Improvement of classification in urban areas by the use

of textural feature: the case study of Luck row city, Uttar Pradesh. International Journal of Remote Sensing, 2001, 22 (4): 565-593.

[106] Fischer C, Busch W. Monitoring of environmental changes caused by hard coal mining, remote sensing for environmental monitoring. Proceeding of SPIE, GIS Applications and Geology, 2002, 4545: 18-25.

[107] Sams J I, Veloski G A. Evaluation of airborne thermal infrared imagery for locating mine drainage sites in the lower kettie creek and cooks run basins, Pennsylvania, USA. Mine Water and the Environment, 2003, 22 (2): 85-93.

[108] Ng A H, Chang H, Ge L L. Radar interferometry for ground subsidence monitoring using ALOS PALSAR data. ISPRS2008, 2008, XXXVII: 67-74.

[109] Huang P C, Chou H P, Chen K B. A personal digital assistant-based portable radiation spectrometer. Nuclear Instruments and Methods in Physics Research A, 2007 (579): 264-267.

[110] Jensen J P. 遥感数字影像处理导论. 陈晓玲, 龚威, 李平湘, 等, 译. 北京: 机械工业出版社, 2007.

[111] Chai Y, He Y, Qu C W. Remote sensing image fusion: newest development and perspective. Ship Electronic Engineering, 2009, 29 (8): 1-5.

[112] 杨昕, 汤国安, 邓东风, 等. ERDAS 遥感数字图像处理实验教程. 北京: 科学出版社, 2009.

[113] 贾永红. 多源遥感影像数据融合技术. 北京: 测绘出版社, 2005.

[114] 窦闻, 陈云浩, 何辉明. 光学遥感影像像素级融合的理论框架. 测绘学报, 2009, 38 (2): 131-137.

[115] 陈荣元, 刘国英, 王雷光, 等. 基于数据同化的全色和多光谱遥感影像融合. 武汉大学学报: 信息科学版, 2009, 34 (8): 919-923.

[116] 孙丹峰. IKONOS 全色与多光谱数据融合方法的比较研究. 遥感技术与应用, 2002, 17 (1): 41-45.

[117] 贾永红. 基于像元的遥感影像融合方法的比较. 测绘信息与工程, 1997 (4): 29-31.

[118] 张庆河, 邹峥嵘, 余加勇. 遥感影像像素级融合方法比较研究. 测绘工程, 2008 (4): 35-38.

[119] 聂倩, 闫利, 蔡元波. 一种 Brovey 变换图像融合法的改进算法. 测绘信息与工程, 2008 (3): 38-39.

[120] 武文波, 康停军, 姚静. 基于 IHS 变换和主成分变换的遥感影像融合. 辽宁工程技术大学学报 (自然科学版), 2009 (1): 28-31.

[121] 刘江华, 程君实, 陈佳品. 支持向量机训练算法综述. 信息与控制, 2002,

31（1）：45-50.

[122]　张森. 基于支持向量机的遥感分类对比研究[硕士学位论文]. 昆明：昆明理工大学，2007.

[123]　Damoah A P，Ding X L，Lu Z，et al. Detecting ground settlement of Shanghai using interferometric synthetic aperture radar（INSAR）techniques. ISPRS2008，2008，XXXVII：117-124.

[124]　Ketelaar V B H，Hanssen R F. Separation of different deformation regines using PS-InSAR data. Proceedings of FRNGE 2003，2003：1-5.

[125]　Kimura A，Yamaguch Y. Detection of landslide areas using satellite radar interferometry . Photogrammetric Engineering & Remote Sensing，2000（3）：337-344.

[126]　邓清海，袁仁茂，马凤山，等. 地面沉降的 GPS 监测及其基于 GIS 的时空规律分析. 北京大学学报（自然科学版），2007（02）：278-281.

[127]　董玉森，Ge L L，Chang H C，等. 基于差分雷达干涉测量的矿区地面沉降监测研究. 武汉大学学报（信息科学版），2007，32（10）：888-891.

[128]　独知行，阳凡林，刘国林，等. GPS 与 InSAR 数据融合在矿山开采沉陷形变监测中的应用探讨. 测绘科学，2007（01）：55-59.

[129]　范景辉，李梅，郭小方，等. 基于 PSInSAR 方法和 ASAR 数据监测天津地面沉降的试验研究. 国土资源遥感，2007，4：23-27.

[130]　范青松，汤翠莲，陈于，等. GPS 与 InSAR 技术在滑坡监测中的应用研究. 测绘科学，2006（05）：60-62.

[131]　国脉物联网技术研究中心. 物联网 100 问. 北京：北京邮电大学出版社，2010.

[132]　张飞舟，杨东凯，陈智. 物联网技术导论. 北京：电子工业出版社，2010.

致　谢

　　值此本书完成之际，感谢导师汪云甲教授和李钢教授的悉心指导和无微不至的关怀。本书从选题、研究方案制定、外业数据采集、试验分析到修改定稿，都倾注了导师大量的心血。他们渊博的知识、深厚的文化底蕴、开放的学术思维、敏锐的洞察力、严谨的治学态度是对学生无形的鞭策和激励。

　　感谢皖北矿务局陈玉平和胡奎总工程师、徐州市国土资源局王孝强高级工程师、国土资源部航空物探遥感中心葛大庆博士、西安煤航测绘分院刘继宝副总经理和遥感分院万余庆总工程师、徐州中吉弘图信息科技有限公司谢玉林经理、高志誉工程师、邱宁工程师以及徐州感知矿山物联网中心孟磊博士在资料收集和项目合作过程中给予的大力支持和帮助；感谢研究生朱勇、闫建伟、张书建、田丰、王猛、肖建玲、刘克强、蔡利平、刘金等在皖北矿务局项目期间所做的工作。

　　感谢国土资源公益性行业科研专项"煤矿区国土资源管理一张图关键技术开发与集成示范"（201211011）、国家环境保护总局环保公益性行业科研专项"煤炭井工开采的地表沉陷监测预报及生态环境损害累积效应研究"（200809128）、国家"十二五"科技支撑计划"国产测图卫星数据处理与应用示范"（2011BAB01B06-06）等项目的资助。

　　感谢百忙之中评阅书稿并提出宝贵意见和建议的各位专家和学者！